U0157145

翻译指导 黄　荭
责任编辑 卜艳冰　张玉贞
装帧设计 汪佳诗

鸟的王国

欧洲雕版艺术中的鸟类图谱

— 2 —

〔法〕布封 著 〔法〕弗郎索瓦-尼古拉·马蒂内 等 绘
郑炜翔 赵彤 译

人民文学出版社
PEOPLE'S LITERATURE PUBLISHING HOUSE

图书在版编目（CIP）数据

鸟的王国：欧洲雕版艺术中的鸟类图谱. 2 /（法）布封著；（法）弗郎索瓦–尼古拉・马蒂内等绘；郑炜翔，赵彤译. -- 北京：人民文学出版社，2022
（99博物艺术志）
ISBN 978-7-02-017306-8

Ⅰ. ①鸟… Ⅱ. ①布… ②弗… ③郑… ④赵… Ⅲ. ①鸟类–图谱 Ⅳ. ①Q959.7-64

中国版本图书馆CIP数据核字(2022)第121058号

责任编辑　卜艳冰　　张玉贞
装帧设计　汪佳诗

出版发行　人民文学出版社
社　　址　北京市朝内大街166号
邮政编码　100705

印　　制　凸版艺彩（东莞）印刷有限公司
经　　销　全国新华书店等

字　　数　228千字
开　　本　889毫米×1194毫米　1/16
印　　张　14
版　　次　2017年1月北京第1版
　　　　　2022年9月北京第2版
印　　次　2022年9月第1次印刷

书　　号　978-7-02-017306-8
定　　价　198.00元

如有印装质量问题，请与本社图书销售中心调换。电话：010-65233595

出版前言

布封（Georges Louis Leclere de Buffon，1707—1788），18世纪时期法国最著名的博物学家、作家。1707年生于勃艮第省的蒙巴尔城，贵族家庭出身，父亲曾为州议会法官。他原名乔治·路易·勒克莱克，因继承关系，改姓德·布封。布封在少年时期就爱好自然科学，特别是数学。1728年大学法律本科毕业后，又学了两年医学。1730年，他结识一位年轻的英国公爵，一起游历了法国南方、瑞士和意大利。在这位英国公爵的家庭教师、德国学者辛克曼的影响下，刻苦研究博物学。26岁时，布封进入法国科学院任助理研究员，曾发表过有关森林学的报告，还翻译了英国学者的植物学论著和牛顿的《微积分术》。1739年，布封被任命为皇家花园总管，直到逝世。布封任总管后，除了扩建皇家花园外，还建立了“法国御花园及博物研究室通讯员”的组织，吸引了国内外许多著名专家、学者和旅行家，收集了大量的动、植、矿物样品和标本。布封利用这种优越的条件，毕生从事博物学的研究，每天埋头著述，四十年如一日，终于写出36卷的巨著《自然史》。1777年，法国政府在御花园里给他建立了一座铜像，座上用拉丁文写着：“献给和大自然一样伟大的天才”。这是布封生前获得的最高荣誉。

《自然史》这部自然博物志巨著，包含了《地球形成史》《动物史》《人类史》《鸟类史》《爬虫类史》《自然的分期》等几大部分，对自然界作了详细而科学的描述，并因其文笔优美而闻名于世，至今影响深远。他带着亲切的感情，用形象的语言替动物们画像，还把它们拟人化，赋予它们人类的性格，大自然在他的笔下变得形神兼备、趣味横生。

正是在布封的主导和推动下，在其合作者E.L.·多邦东和M.·多邦东的协助下，邀请同时代法国著名法人设计工程师、雕刻师和博物学家弗郎索瓦－尼古拉·马蒂内手工雕刻插图，最初这些插图雕刻在42块手工调色木板上，每块木板上雕刻24幅图，没有任何文字解释。在这1008幅图中，其中973幅是鸟类，35幅是其他动物（包括28种昆虫、3种两栖和爬行类动物和4种珊瑚）。自1765年到1783年间，巴黎出版商庞库克公司（Panckoucke）将这1008幅图以*Planches enluminées d'histoire naturelle(1765)*为书名，分10卷陆续出版，距今已经过去两百五十多年。

在中文世界，上海九久读书人以“鸟的王国：欧洲雕版艺术中的鸟类图谱”为题，将这1008幅图整理并结集出版。除了精心修复图片，保持其古典和华丽特色的同时，编者还邀请译者精准翻译鸟类名称，并增加相关的知识性条目介绍，力图将这套鸟类图鉴丛书打造成融艺术欣赏性与知识性于一体，深具收藏价值的博物艺术类图书，以飨中文世界的读者。

1. 马提尼克小安的列斯牛雀（*Le Père noir, de la Martinique*）
2. 卡宴棕头雀（*Moineau à tête rousse, de Cayenne*）

两种鸟分别为小安的列斯牛雀中的雄鸟和雌鸟。小安的列斯牛雀，为雀形目、裸鼻雀科鸟类，小型鸣禽，体长12~13.5厘米。其喙呈圆锥状，上下喙边缘切合不紧密而略带缝隙。雌、雄异色，其差异十分明显，以至于有不同的名字。雄鸟为黑色，眼部和喉部有橘黄色羽毛；雌鸟颅顶、背部、羽毛和尾巴为红棕色，喉部、胸部和腹部为灰色。小安的列斯牛雀在非繁殖期常集群活动，繁殖期在地面或灌丛内筑巢。主食植物种子。主要分布在中美洲。

1. 金丝雀（*Le Serin*）

2. 加拿大金翅雀（*Le Chardonnerel, du Canada*）

金丝雀，雀科、丝雀属。体长约十二厘米，翼展 20~23 厘米，重 15 20 克。繁殖于马德拉群岛、亚速尔群岛及加那利群岛，野生金丝雀喜欢在灌木和树林间筑巢，鸣啭悠长，唱功了得，是一种羽色和鸣叫兼优的笼养观赏鸟。加拿大金翅雀，又名北美金翅，体型细小，体长 11~13 厘米，重 11~20 克。具迁徙习性，繁殖季节分布在加拿大至北卡罗莱那州，冬天则分布在加拿大以南至墨西哥。金翅雀是美国艾奥瓦州、新泽西州及华盛顿州的州鸟。

1. 非洲海岸雀（*Moineau, de la côte d'Afrique*）
2. 卡宴蓝雀（*Moineau bleu, de Cayenne*）

两种鸟均为麻雀属。麻雀，体长约十四厘米，雌、雄形、色非常接近，分布广泛，是与人类伴生的鸟类，栖息于居民点和田野附近。它们白天四出觅食，不进行迁徙，是一种常见的留鸟。在地面活动时双脚跳跃前进，翅短圆，不耐远飞，鸣声喧噪。除繁殖、育雏阶段外，麻雀非常喜欢群居。非洲海岸雀体型较为矮圆，头部两侧、胸脯和腹部颜色较淡，腹部的浅色区域类似云朵。卡宴蓝雀则体型稍微扁长，翼和尾部有条纹，大部分毛羽呈蓝色。

1. 布尔东岛灰雀（*Bouvreuil, de l'Île Bourdon*）
2. 好望角灰雀（*Bouvreuil, du Cap de Bonne Espérance*）

灰雀是雀亚科中比较大型的鸟类，品种较多，有褐灰雀、灰头灰雀、红腹灰雀等。其嘴短而厚实，腰白，翼和尾黑，尾呈微叉状。头顶中央较暗，呈鳞状斑，眼周和喙根部为黑褐色，眼下有一白斑。灰头灰雀常见于海拔 1500~4000 米的高山带、亚热带常绿阔叶林等环境。雌、雄异色。雄鸟胸及腹部呈深橘黄色。雌鸟下体及上背为暖褐色，背有黑色条带。红腹灰雀多栖息于山区的白桦林和次生林区。嘴厚而略带钩，腰白，顶冠及眼罩灰黑。

1. 卡宴唐加拉林雀（*Tangara, des grands Bois de Cayenne*）

唐加拉雀，为雀形目、裸鼻雀科的一属。这一属大约包括五十多个种类，均来自新热带界，虽然其中大部分种类分布相当广泛，但也有一些分布有限并且受到了威胁。此鸟体型较小，体长 11.5~15 厘米。唐加拉雀中有一些鸟的颜色是世界上最为艳丽的。唐加拉雀主要栖息在森林高处的树冠，但也有一些会栖息于更为开敞的地方。其种类在哥伦比亚、厄瓜多尔和秘鲁的山麓森林最为多样。它们会从叶子上或是在飞行过程中啄食昆虫，但仍以果实为主要食物。

1. 卡宴须䴕 （*Barbu, de Cayenne*）
2. 圣多米尼克须䴕 （*Barbu, de St. Dominique*）

须䴕，为䴕形目中的一科，是一种比较近似雀形目的鸟类。它在全世界热带地区（亚洲、美洲和非洲）均有分布，但大多数种集中在非洲。须䴕科鸟颈短、头大、翼短，眼睛上方有一簇长的羽毛，尾部短小且经常微微竖起，大多数种色彩鲜艳。须䴕科的鸟在树洞中筑巢，每次产 2~4 枚卵。它们以果实和昆虫为食，全部是留鸟。须䴕科也被称为拟啄木鸟科。须䴕的喙和颏处长有丝状的毛须，因此得名。

红胸秋沙鸭（*Harle huppé, mâle*）

红胸秋沙鸭，俗名黑头尖嘴鸭，鸭科、秋沙鸭属。体长 52~58 厘米，重 780~1350 克。嘴细长而带钩，丝质冠羽长而尖。善潜水，主要以鱼类为食。常聚集成小群落，多在河流、湖泊、近海岸潮间带及其附近的岩礁处活动和觅食，冬季时会迁徙至较为温暖的低纬度海岸过冬。它们大多数时候相当安静，常紧贴水面沿直线快速飞行。红胸秋沙鸭有着重要的经济和科学研究价值，在北美洲北部、格陵兰岛、欧洲和亚洲均有分布。

雌欧绒鸭（*Eider femelle*）

欧绒鸭，鸭科中一种体大膘肥、绒乎乎的鸟类。体长 58~69 厘米，翼展 89~107 厘米，重约两千两百克。体大而圆，喙有隆起。鸥绒鸭主要栖息于大海上，环北极分布在从阿拉斯加西部海岸向南沿海岸线直至加拿大东南部的地区，以及冰岛等地。它们是平均飞行速度最快的鸟类之一，时速达 76 千米。以无脊椎动物为食，从海底获取大部分食物，因此喜欢在大陆边缘的浅水区游来游去。在冰岛，绒鸭由于易受油污伤害且遭人们滥捕，数量急剧减少，因而受到严格的保护。

丹麦雄欧绒鸭（*Oye à duvet, ou Eider mâle, du Dannemark*）

欧绒鸭，雄鸭与雌鸭的区别在嘴的长度和颜色上。雄鸭上体主要呈白色，头顶、腰和尾呈黑色。雌、雄外形也不同，雌绒鸭身体的大部分呈褐色，有些像麻鸭。

冰岛矛隼（*Gerfault, d'Islande*）

矛隼，又名海东青，隼形目、隼科、隼属鸟类。体长 51~56 厘米，翼展约一百三十五厘米，重 1000~1600 克，是世界上最大的隼。分布在欧亚大陆和北美大陆最靠近北极的地区，栖息于岩石海岸、开阔山地、临近海岸的河谷和森林苔原地带，是北国世界的空中霸王。它们以各种海鸟和小型哺乳动物为食，常在低空沿直线迅速飞行，发现猎物后会突然急速俯冲而下，像投出的飞镖一样冲向猎物。矛隼是冰岛国鸟，冰岛有白色型矛隼，数量极少，非常珍贵。

卡宴大杜鹃（*Coucou, de Cayenne*）

大杜鹃，又名布谷，杜鹃科、杜鹃属。广泛分布在北极圈以外的欧洲、非洲、亚洲等地，多栖息于山地及平原的树上，以及居民点附近。体长约三十二厘米，嘴长约二厘米。翼缘呈白色，有褐色横斑。下覆羽具明显横斑。大杜鹃喜开阔林地及大片芦苇地，性格孤独，繁殖期亦不成对生活。性懦怯，常隐伏在树叶间。平时只能听到其鸣声，很少见到。飞行急速，循直线前进，在停落之前常滑翔一段距离。卡宴大杜鹃头部和背部覆满深红色的羽毛，十分漂亮。

巴西霸鹟（*Tyran, du Brésil*）

霸鹟，雀形目、霸鹟科，这一科为地球上鸟纲最大的科，约有四百个物种，主要分布在南美洲热带地区，少数分布在中美洲至北美洲，是亚鸣禽中唯一遍布南、北美洲的一科。其体长21~27厘米，重52~68克。头黑，带有对比鲜明的白色眼线，背部、翼和尾部为褐色，边缘常呈赤褐色。大部分的霸鹟较为素色，很多都有直立的冠。大部分霸鹟以昆虫为食，有的也吃生果或细小的脊椎动物。有的种类敢和比自己体型大很多的动物搏斗，有“必胜鸟”之称。

卡宴斑尾林鸽（*Pigeon ramier, de Cayenne*）

斑尾林鸽，鸠鸽科、鸽属。体长 40~42 厘米，翼展 75~80 厘米，重 460~570 克。体呈灰色，具白色颈圈，翅上具白色横纹。分布在欧洲、非洲、小亚细亚、俄罗斯、巴基斯坦、尼泊尔、印度、锡金及中国新疆等地。斑尾林鸽为留鸟，主要生活于地面、丛树或灌木间，喜成群活动，特别是在非繁殖期。性情胆小而机警，飞行速度较慢。主要以植物果实、种子和谷粒为食。卡宴斑尾林鸽的颈部、胸部和上背部羽毛呈鱼鳞状分布。

巴达维亚鸠（*Tourterelle, de Batavia*）

巴达维亚鸠，鸠鸽科、斑鸠属。斑鸠一般身体瘦长，体长 27~35 厘米，体型中小。其背部一般为浅棕色，腹部往往呈粉红色。大多数种颈部有黑白交替的环，鸣声为单调的咕咕声。斑鸠属主要分布在非洲，少数生活在亚洲南部的热带地区。巴达维亚鸠不同于其它斑鸠，其颜色亮丽，头部前方、面颊两侧、颈部下方为灰色，颈部后上方为黑色，喉部、下腹部呈现出十分明亮的黄色，尾部下方覆盖着红色的毛，身体其余部分则均为深草绿色。

布尔东岛红领绿鹦鹉（*Perruche à collier, de l'Île de Bourbon*）

红领绿鹦鹉，鹦形目、鹦鹉科。体长约四十三厘米，翼展 42~48 厘米，体重 95~140 克，寿命一般为三十年，是一种长尾绿鹦鹉，又称玫瑰环鹦鹉、环颈鹦鹉、月轮。其嘴红，尾蓝，尾端黄，身体其余部分为深绿色。分布在塞内加尔、几内亚、埃塞俄比亚、印度、斯里兰卡、巴基斯坦、孟加拉国、缅甸、越南和中国。它们以种子、水果、浆果、花朵、花蜜等为食。布尔东岛红领绿鹦鹉的颈基部有一条环绕颈后和两侧的宽带，由蓝、橙、黄三色构成，十分独特。

摩鹿加喋喋吸蜜鹦鹉（*Lory, des Moluques*）

喋喋吸蜜鹦鹉，体长约三十厘米，重 180~250 克。鸟体呈红色，肩膀暗红；背后有着像披风般不同程度的黄色羽毛；翅膀为绿色，弯曲处和内侧覆羽为黄色；内侧飞羽处有一条很宽的玫瑰红色条状羽毛；尾羽呈红色，尖端呈绿色。它们主要以花粉、花蜜与果实为食，鸟喙比一般鹦鹉的长，其细长的舌头上有刷状的毛，称为刷状舌，方便该鹦鹉深入花朵中取得食物。喋喋吸蜜鹦鹉是印尼的特有种，也是一般印尼家庭中最常见的宠物鸟之一，由于盗捕，其数量已锐减。

1. 中国红腹锦鸡（*Faisan doré, de la Chine*）

2. 雌中国红腹锦鸡（*Sa femelle*）

红腹锦鸡，别名金鸡，雉科、锦鸡属。其为中型鸡类，体长 59~110 厘米，其中尾特别长，达 38~42 厘米，是中国特有鸟类。雄鸟是色彩最为艳丽的一种雉类，羽色华丽。头具金黄色丝状羽冠；身体上部除上背为浓绿色外，其余为金黄色；颈部为橙棕色且缀有黑边的扇状羽，似披肩；下体深红；尾羽黑褐，缀以桂黄色斑点。雌鸟头顶和颈部呈黑褐色，其余体羽呈棕黄色，缀以黑褐色虫状斑和横斑。该物种分布的核心区域在中国甘肃和陕西南部的秦岭地区。

德国交嘴雀（*Le Bec-croisé, d'Allemagne*）

交嘴雀，又名交喙鸟，雀形目、雀科。体型似麻雀但稍大，体长约十六厘米，翼展26~27厘米，根据种类不同而体重24~48克不等。主要栖息于北美洲、欧洲与亚洲的云杉林里。其最显著的特征是上下嘴交叉，这样一种罕见的接嘴形状，方便了它们从松果里取出种子。通常，交嘴雀会定居在某处，但也会在食物来源短缺时向南迁徙。交嘴雀分为红交嘴雀和白翅交嘴雀，雄性红交嘴雀通常拥有红色或橙色的外表，而雌性则具有绿色或黄色的外表。

菲律宾乌鸫（*Merle, des Philippines*）

乌鸫，鸫科、鸫属。体长 23.5~29 厘米，重 80~125 克。广泛分布在欧、亚、非、北美等大陆。主要栖息于次生林、阔叶林等各种森林，尤其喜欢栖息在林区外围、林缘疏林、农田旁树林、果园和村镇边缘，平原草地或园圃间。常结小群在地面上奔驰，有时在垃圾堆和厕所附近觅食。叫声短促，胆小，眼尖，对外界反应灵敏，主要以昆虫为食。菲律宾乌鸫翅膀为深褐色，翅膀弯曲处、下腹部与尾部结合处有白色覆羽，有淡红色眼环和金黄色的喙。

塞内加尔长尾辉椋鸟（*Merle à longue queue, du Sénégal*）

长尾辉椋鸟，又名长尾丽椋鸟，椋鸟科、丽辉椋鸟属。分布在非洲西部和中部，从塞内加尔直到苏丹的热带地区。成年后的长尾辉椋鸟体长约 54 厘米，尾部展开后长而尖，长达 34 厘米。身体上部的羽毛呈现富有金属光泽的暗绿色；腹部和尾部略带紫色；脸颊为黑色，眼为黄色。长尾辉椋鸟常见于开敞的林地和庄稼地，有在洞中筑巢的习惯，它们并无明显的两性异形，为杂食性动物，主要以昆虫和果实为食。

好望角橄榄鸫（*Merle, du Cap de Bonne Espérance*）

橄榄鸫，为鸫属下的一种鸟类，体长约二十四厘米，重约一百克。头部、颈部、背部和尾部均为橄榄绿色，以蚯蚓、蜗牛等无脊椎动物为食，也会食用植物果实。生活在非洲东部从厄立特里亚和埃塞俄比亚到好望角的高原地区。橄榄鸫的自然栖息地是丛林，但也会出没于人类的公园和花园里。非洲南部的橄榄鸫有 5 个亚种，其区别主要是腹部的颜色，比如，好望角橄榄鸫从喉部到胸部和腹部均为橘黄色。

马尔维纳斯群岛鹌鹑（*Caille, des Îles Malouines*）

鹌鹑，鸡形目、雉科鹑属。体型较小而滚圆，体长 16~18 厘米。通身为褐色，带明显的草黄色矛状条纹及不规则斑纹。生性胆怯，不喜结群，而喜欢成对活动于开阔且有植被覆盖的平原、牧场、农田等环境，由于其体色便于伪装，它们常常潜伏在农田、草场的植物基部，极难发现，受到惊吓后会尖叫着从藏身处直飞而去。鹌鹑是一种候鸟，常栖居于气候温暖的地方。翼羽短，不能高飞、久飞，往往昼伏夜出。主要分布在欧亚大陆西部和非洲。

1. 塞内加尔麻雀（*MMoineau du Ségégal*）
2. 加拿大麻雀（*Moineau du Canada*）

麻雀，体长约十四厘米，雌鸟与雄鸟形、色非常接近。分布广泛，是与人类伴生的鸟类。常栖息于居民点和田野附近。它们白天四处觅食，不进行迁徙，是一种常见的留鸟。在地面活动时双脚跳跃前进，翅短圆，不耐远飞；鸣声喧噪。除繁殖、育雏阶段外，麻雀非常喜欢群居。塞内加尔麻雀喙为红色，喙周围有一圈黑色宽带。头、胸、腹围为橘红色，翼和尾部为褐色。加拿大麻雀脸颊两侧、喉、胸、腹均为白色，身体上部和尾部则为褐色。

1. 澳门麻雀（*Moineau, de Macao*）
2. 爪哇岛麻雀（*Moineau, de Java*）
3. 卡宴麻雀（*Moineau, de Cayenne*）

澳门麻雀喙为红色；翼和尾部为黄色，带有浅黑色条纹；下腹部有白色斑块；身体其余部分为黑色。爪哇岛麻雀同样有红色的喙，其喉部下方有一白色的宽带，除此而外均为黑色。卡宴麻雀全身乌黑，喙为灰黑色。

石雀（*Les moineau de Bois, ou à la Soulcie*）

石雀，雀形目、雀科、石雀属，中型雀类，共有6个亚种。体长约十六厘米，翼展28~32厘米，重35~39克。其嘴短，呈圆锥状，翅较长，尾较短。体色亦较浅淡，身体上部为带斑点的浅褐色，背部羽毛具条纹，喉部下方有黄色带状斑，胸、腹为白色，带有淡斑。分布在大西洋的马德拉和加拉列群岛经非洲西北部到地中海、欧洲南部以至亚洲西部和中部，一般栖息于海拔2000~3000米的山区，多在裸露的岩石上和碎石坡地等处活动，不甚多见。

好望角鸦（*Choucas du Cap de Bonne Espérance*）

好望角鸦只有在非洲西南端的好望角才能见到，其体型与乌鸫相当。有着鸦类的黑色羽毛，毛色十分均匀且具有光泽。喙部、足部和爪子均为黑色，但其尾部却比一般鸦类要长，它们的羽毛折叠起来后只有尾部长度的一半。从下往上数，翼部的第四和第五根羽毛是最长的。好望角鸦的喙部周围长有若干细而长的毛须，除此之外在喙的根部还有一些相对较短却十分坚硬的毛须，因此它们也被称作胡须鸦。此鸟并不容易被人见到。

1. 卡宴鸡冠蜂鸟 (*Oiseau-Mouche huppé, de Cayenne*)
2. 巴西金喉蜂鸟 (*Oiseau-Mouche à gorge dorée, du Brésil*)
3. 卡宴绿喉蜂鸟 (*Oiseau-Mouche à gorge verte, de Cayenne*)

蜂鸟，雨燕目、蜂鸟科的统称。其体型小，色彩鲜艳。能够以快速拍打翅膀的方式而悬停在空中，也是唯一可以向后飞的鸟，因飞行时两翅振动发出嗡嗡声而得名。蜂鸟主要分布在拉丁美洲，北至北美洲南部，并沿太平洋东岸直至阿拉斯加。蜂鸟飞行本领高超，飞行速度可达 90 公里 / 小时，俯冲时可达 100 公里 / 小时，除两翅振动发声外，蜂鸟还会发出清脆、短促、刺耳、犹如蟋蟀的吱吱声。

马达加斯加红背伯劳（*Pie-Grièche, appellée l'Ecorcheur, de Madagascar*）

红背伯劳，伯劳科、伯劳属。体长约十七厘米，翼展 24~27 厘米，重 22~47 克。分布在除澳洲和中、南美洲以外的所有大陆，但主要分布在欧洲。其外侧尾羽呈黑色，翅羽呈黑褐色，下身呈淡白色，胸、腹部有不清晰的鳞斑。其尾部较长，在危险临近时，经常会越来越快地摆动尾部。红背伯劳是一种典型的候鸟，喜欢出没于平原、荒漠原野的灌丛、开阔林地及树篱，以昆虫为主食，叫声粗哑。由于栖息地被人类改造，红背伯劳的数量正趋于减少。

迈纳斯辉伞鸟（*Cotinga, des Maynas*）

伞鸟，为雀形目、霸鹟亚目的一个科，体型中小，分布在中南美洲新热带界地区的森林中。雄鸟大多具有艳丽羽饰，伴有冠羽或肉垂。其食性多样，有的专食昆虫，有的专食浆果，有的则为杂食性。辉伞鸟为其中一种，分布在南美洲哥伦比亚、委内瑞拉、圭亚那、苏里南、厄瓜多尔、秘鲁、玻利维亚及马尔维纳斯群岛等地。迈纳斯辉伞鸟体长约二十厘米，重约六十九克。喉部为红色，除了翼末端和尾部为黑色外，全身均为鲜艳的天蓝色。

1. 好望角麻雀（*Moineau, du Cap de Bonne Espérance*）

2 & 3. 塞内加尔麻雀（*2 et 3. Moineaux, du Ségégal*）

麻雀，体长约十四厘米。雌鸟与雄鸟形、色非常接近。分布广泛，是与人类伴生的鸟类，栖息于居民点和田野附近。它们白天四处觅食，不进行迁徙，是一种常见的留鸟。在地面活动时双脚跳跃前进，翅短圆，不耐远飞，鸣声喧噪。除繁殖、育雏阶段外，麻雀非常喜欢群居。好望角麻雀喙和头部为黑色，眼周有延伸至喉部的白色宽带，翼和背部为棕黄色，翼末端为棕色且有白色细纹。塞内加尔麻雀体型较小，腹部为淡黄色或灰色，背部毛色则较为多样。

欧石鸡（*La Bartavelle*）

欧石鸡，为鸡形目、雉科、石鸡属的中型鸡类，体长约三十七厘米，翼展 46~53 厘米，重 410~720 克。其全身体羽呈灰色，上体和尾部呈暗灰色，下体呈棕灰色，飞羽呈白色或灰色，带纵斑，显著特征为从前额起至上胸的黑色花纹。喜欢群居，行动时十分机警，遇危险时常沿山坡奔逃或往山上跑，速度极快，亦善藏匿。一般在水域附近觅食。欧石鸡主要分布在欧洲阿尔卑斯山地区和从巴尔干半岛到希腊的区域。它们已被世界自然保护联盟列为近危物种。

马达加斯加翠鸟（*Grand Martin-Pêcheur, de Madagascar*）

翠鸟，为佛法僧目鸟类，体型中小，羽毛颜色艳丽，大多数分布在旧大陆和澳大利亚。其共同特点是头部较大，喙部长而锐利且末段尖锐，两腿短小，尾羽短粗。马达加斯加翠鸟分布在马达加斯加群岛及其附近岛屿区域，栖息于有河流的开阔的森林空地环境中。其体长约十六厘米，雄鸟体重16.5~21克，雌鸟体重18~22克。雌、雄外观类似，其喙、额头、喉部、颈后、胸部和腹部羽毛均为橘红色，翼和尾部覆羽为蓝色，翼尾端和两侧带有黑色的宽带。

法国黍鹀（*Bruant de France, appellé le Proyer*）

黍鹀，雀科、鹀属。体长约十九厘米，翼展 26~32 厘米，重 38~55 克。其外形圆胖，嘴厚，形似麻雀，全身满布纵纹的暗灰褐色鹀。雄、雌同色，外侧尾羽有较多白色，其叫声短促而似金属。黍鹀分布在欧洲、北非、西非、印度及中国新疆等地，常见于草地、高山草原或有稀疏灌木的旷地、麦田和河岸附近的耕地，喜栖于高的树枝或电线上。黍鹀的食物中 75% 均为谷物、叶子等植物性食物，喂食幼鸟时会捕捉昆虫、蜘蛛、蚯蚓等。

1. 好望角鸡冠鹟（*Gobe-Mouche huppé, du Cap de Bonne Espérance*）
2. 好望角白鸡冠鹟（*Gobe-Mouche blanc huppé, du Cap de Bonne Espérance*）

鹟，为雀形目中的一种鸣禽，体长约十五厘米，翼展 23~25 厘米，重 13~19 克，体型小。体羽较多样化，善鸣叫，嘴扁平，翅尖长，善在空中捕食昆虫。鹟科遍布于除北极以外的东半球，以热带及亚热带地区的种类最为丰富。好望角鸡冠鹟的典型特征为其头部类似鸡冠的、一直覆盖至喉部的黑色羽毛。其尾羽长，胸部为灰色并有浅黑色斑纹，腹部为白色，背、翼和尾部覆羽为橘黄色。好望角鸡冠白鹟的背、翼和尾部的覆羽颜色为白色。

1. 吕宋岛雄䳭（*Traquet mâle, de l' Île de Luçon*）
2. 吕宋岛雌䳭（*2. Traquet femelle, de l' Île de Luçon*）

䳭，为鹟科的一属。吕宋岛䳭，体长约十六厘米，翼展 26~32 厘米，重 17~30 克。体型与穗䳭类似，尾短，但更为圆胖，喙部更大，爪更小。雄鸟全身接近黑色，翼部覆羽有一条较长的白色宽带，腹部下方有一块颜色较为暗淡的白色区域。雌鸟全身为深褐色；身体下部和尾部的颜色较浅，呈红棕色；眼睛略显红色光泽。该鸟分布在 菲律宾群岛北部的吕宋岛。

1. 圣多米尼克拟黄鹂（*Troupiale, de St. Dominique, appellé le Silfleur*）
2. 卡宴拟黄鹂（*Troupiale, de Cayenne*）

拟黄鹂，为雀形目的一个鸣禽科，体型较大。体羽和嘴形多种多样，尾长，喙呈圆锥形且十分结实，脚强健，翼长而尖。多分布在安地斯山脉东边的南美洲，由哥伦比亚及圭亚那至阿根廷地区。拟黄鹂是杂食鸟类，主要以昆虫或果实为食，栖息于干旱地区。它们是委内瑞拉的国鸟。圣多米尼克拟黄鹂体羽颜色对比十分明显，身体上部颜色为黑色，而喉部至下腹部则为亮丽的红色。相比之下，卡宴拟黄鹂的颜色要暗淡许多，多为带斑纹的褐色。

好望角信天翁（*L'Albatros, du Cap de Bonne Espérance*）

信天翁，为鸟纲鹱形目中的一个科，该科的鸟被笼统地称为信天翁。它们是一种栖息于海边的鸟类，亦是世界上最大的海洋鸟类。翅膀窄长，嘴长而有力，上喙末端形成一个向下的钩。成年信天翁身长可达一米多，双翅展开可达 3~4 米，体重 8000~9000 克。大多数信天翁科鸟类生活在南半球深海区域，少数生活在北太平洋和赤道地带，它们可以非常有效地利用空气动力的原理在海面上滑翔。好望角信天翁的特点突出在其黑色且带有白色斑纹的翼部覆羽上。

巴西白喉鹟䴕（*Jacamar, du Brésil*）

鹟䴕，为䴕形目的一个科，分布在拉丁美洲热带地区（新热带界）的森林中。体长 14~34 厘米，体重 17~75 克，喙和尾都较长，但腿短而弱。喜食昆虫，其羽毛通常十分亮丽多彩，带金属光泽，根据性别不同而毛色略有变化。一般来说，雄鸟胸前有一块白色的斑。巴西白喉鹟䴕可在巴西、玻利维亚和秘鲁见到，其自然栖息地为热带及亚热带湿润的低地森林。除了白色的喉部、翼和尾部连接处的白色羽毛及暗红色的下腹部之外，全身均为暗淡的褐色。

金吉亚历山大鹦鹉（*Perruche, de Gingi*）

亚历山大鹦鹉，为鹦形目中的一种，是亚洲最大的长尾鹦鹉，共5个亚种。身长56~62厘米，体重198~258克，外表类似环颈鹦鹉，但体型更大。喙呈红色，翅有红斑，身体其余部分为深浅程度不同的翠绿色。有着不错的学话能力，天性温和。人工饲养的鸟可学会一些技巧，并出现许多颜色的变种。亚历山大鹦鹉分布在阿富汗、巴基斯坦、印度、尼泊尔、不丹、斯里兰卡、缅甸、泰国、柬埔寨、越南等国。栖息于海拔900米以下的森林、农作物区等地。

安汶王鹦鹉（*Perruche rouge, d'Amboine*）

安汶王鹦鹉，鹦鹉科、王鹦鹉属。成年鸟体长 35~40 厘米，体重 145~163 克。鸟体呈红色；翅膀小覆羽及内侧覆羽、颈部、背部、尾部、尾巴上方覆羽均为蓝色；翅膀其它部分为绿色；尾部内侧覆羽为黑色。上鸟喙尖端为黑色，下鸟喙灰黑色。它们主要栖息于森林地区，主要活动范围为低地林区和小山脉地区，平时大多成对或小群活动。主要以种子、浆果、植物嫩芽等为食。安汶王鹦鹉分布在印度尼西亚的安汶岛、摩鹿加群岛、西巴布亚省等地。

蓑羽鹤（*La Demoiselle de Numidie*）

蓑羽鹤，鹤科、鹤属，又名闺秀鹤。体长 85~100 厘米，高约七十六厘米，翼展 155~180 厘米，重 2000~3000 克。是世界上现存 15 种鹤中体型最小的一种，体型纤瘦。头、颈、胸呈黑色；颊部两侧各生有一丛白色长羽，蓬松，类似披发。其性羞怯，不善与其它鹤类合群，多独处，举止优雅端庄。它们主要分布在亚洲中部，每年会从中国与蒙古边境地区往南迁徙，飞越过喜马拉雅山到印度塔尔沙漠地区过冬，栖息地多样，包括荒漠及各类有河流或湖泊的草地。

凤头麦鸡（*Le Vanneau*）

凤头麦鸡，为鸻科、麦鸡属鸟类，又名北方麦鸡。体长 28~31 厘米，翼展 82~87 厘米，重 128~330 克。头顶有黑色的长形羽冠，胸为黑紫色，身体下部为白色，广泛分布在欧洲和亚洲中部。凤头麦鸡是候鸟，每年夏天在中欧、东欧、哈萨克至中国东北一带繁殖，冬天到日本、印度、西亚、法国和北非越冬。多栖息于低山丘陵、山脚平原和草原地带的湖泊、沼泽和农田地带，常成群活动，主要以各种昆虫为食。它们被世界自然保护联盟归为低危鸟类。

1. 圣多米尼克鸽（*Petite Tourterelle de St. Dominique*）
2. 鸣哀鸽（*Petite Tourterelle de la Martinique*）

圣多米尼克鸽，鸠鸽科、鸽属。鸽是一种善飞行的鸟，小巧玲珑，品种多样，毛色繁多，主要以谷类为食。圣多米尼克鸽的胸部有不规则褐红色斑块，头顶和颈部为铅灰色，翼和尾部为褐色，翼上有少量黑色斑纹。鸣哀鸽，为鸠鸽科哀鸽属鸟类，又名马提尼克鸽，体长 26~28 厘米，翼展约四十六厘米，重 120~180 克。分布在加勒比海地区及尤卡坦半岛，喜栖息于广阔及半开放的环境。会在地上觅食，主食植物种子，有时也会吃昆虫。

红眼斑（*La Tourterelle à collier*）

红眼斑鸠，鸽鸠科、斑鸠属。体长约三十厘米。其翼和背部为淡灰褐色，翼尾和尾部为铅灰色，颈下有一条黑色宽带，因此在法语中被称作“颈饰斑鸠”。它们分布在非洲中南部地区，包括阿拉伯半岛的南部、撒哈拉沙漠以南的整个非洲大陆。它们飞行的速度很快，翅膀拍动大多数时候较有规律，但会时不时地快速扑动，喜欢在地面觅食，食物以草的种子和各种谷物为主。在靠近河流的森林地带可见到它们的身影。

雄鸨（*L'Outarde mâle*）

鸨，为鹤形目中的一科。体长从 40 至 150 厘米不等，成年雄鸟平均重约为 1350 克，最重可达 20 千克以上，是世界上最重的飞行鸟类。其体色便于其隐蔽，上体多为沙色、茶色和皮黄色，有深褐色或黑色的条纹、虫状纹或箭状纹。雄鸨一般比雌鸟大很多，具有明显的性别分化。鸨是杂食性动物，主要以植物种子和无脊椎动物为食。多在地面筑巢，擅长在地面快速奔跑，它们大多数时候更愿意走路和奔跑，而不是飞翔。

1. 菲律宾紫喉花蜜鸟 (*Grimpereau, des Philippines*)
2. 菲律宾雌紫喉花蜜鸟 (*Sa femelle*)
3. 好望角双领花蜜鸟 (*Grimpereau, du Cap de Bonne Espérance*)

花蜜鸟，为雀形目、太阳鸟科的一属。其体型纤细，嘴细长下弯，翅短，飞行速度快，分布在马达加斯加、埃及、伊朗、也门、菲律宾和澳大利亚等地，在赤道和热带地区种类最多。大部分太阳鸟以花蜜为食，有传粉作用，有时也吃昆虫和蜘蛛，在喂食幼鸟时更是如此，也有部分种类以水果为食。好望角双领花蜜鸟只有在非洲南部最南端才能见到，主要为留鸟，但也有部分为候鸟。其典型外部特征为位于其喉部下方和前胸的两条颜色不同的宽带。

1. 圃鹀（*L'Ortolan*）
2. 芦苇地圃鹀（*L'Ortolan de Roseaux*）

圃鹀，雀科、鹀属。体长16~16.5厘米，翼展24~27厘米，重19~27克。雄鸟身体下部为暗玫瑰色，胸和头部为暗绿色，喉部为黄色，背部为红棕色并带有黑色斑纹。雌鸟的颜色则比雄鸟要暗淡许多。圃鹀是一种候鸟，夏天在欧亚大陆的许多国家度过，秋天则会迁徙至近东地区和非洲，习惯栖息于多岩石的地方、牧场、田野、灌木丛和果园，以各种谷物和无脊椎动物为食。目前，该物种正受到威胁。

1. 马达加斯加寿带鸟（*Gobe-Mouche à longue queue, de Madagascar*）
2. 马达加斯加白腹寿带鸟（*Gobe-Mouche à longue queue et à ventre blanc, de Madagascar*）

寿带鸟，为雀形目、鹟科的一属。体型中等，体长约十八厘米（连尾羽约三十厘米），重 12.1~12.3 克，头有羽冠。栖息于山区或丘陵地带的树丛中，主要以昆虫为食，兼食少量植物。雄鸟有两种颜色，其中一种的头、颈和羽冠为蓝黑色，背、胸、腹和尾部羽等部分为栗红色，两枚中央尾羽特别长，羽干为暗褐色；另一种雄鸟除了胸、腹、中央尾羽以及翼端为白色外，全身均为黑色。马达加斯加寿带鸟是地方特有鸟种，分布在马达加斯加、科摩罗岛和马约特岛上。

卡宴黄腹鸦（*Geai à ventre jaune, de Cayenne*）

腹鸦，为雀形目中的一科。卡宴分布有一种白颈蓝鸦，体长约三十三厘米，重 147~230 克。栖息地包括亚热带或热带的低地干燥疏灌丛、湿润低地林、稀树草原、退化的前森林、乡村花园和城市。卡宴黄腹鸦与白颈蓝鸦的区别主要在于其颜色：白颈蓝鸦头顶、喙缘、胸和腹部为白色，眼周、喉部及身体其余部分为有金属光泽的蓝色；卡宴黄腹鸦胸、腹部、头顶斑纹为金黄色，喉部为白色，背部和翼为深褐色，翼和尾部带有细条纹。

意大利雌隐夜鸫（*Le Merle solitaire femelle, d'Italie*）

隐夜鸫，为雀形目、鸫科的一种。体长 15~18 厘米，翼展 25~30 厘米，重 18~37 克。身体下部为白色，胸部带有黑色斑点，翼侧为灰色或淡褐色，腿部为粉红色，眼缘为白色。一般分布在北美地区，但在西欧也有极少量的分布，通常栖息于松柏林中。意大利雌隐夜鸫的体色与北美隐夜鸫有较大差异：它们的身体呈现出类似青铜的金属色光泽，除了眼缘、喙的末端和翼上的波纹状斑点为白色外，身体其余部分均为青铜色。其胸前和腹部的斑纹呈鱼鳞状。

勃艮第粉红椋鸟 （*Le Merle couleur de Rose, de Bourgogne*）

粉红椋鸟，椋鸟科、椋鸟属。体型中等，成鸟体长 19~22 厘米，重 60~73 克。头部、喉部、前胸、颈部、翼和尾部为亮黑色，背部和腹部则为十分淡雅的粉红色，脚部为黄色，尾部下方覆羽呈淡褐色。雌鸟的颜色相对雄鸟来说要更为浅淡一些。此鸟是一种迁徙性候鸟，分布在东欧、西伯利亚、西亚、印度、斯里兰卡等地，常栖息于干旱的开阔地带，如耕地和草原，筑巢于石堆、洞穴或地面，喜群居。以水果、花蜜、谷物和昆虫为食。

法兰西岛蜂虎（*Guêpier, de l' Île de France*）

蜂虎，为佛法僧目、蜂虎科的一属。其嘴细长而尖，稍向下弯，羽色艳丽。蜂虎科的鸟类羽毛颜色艳丽，身体纤细，尾羽较长，因嗜食蜂类而得名。其分布几乎遍及东半球的热带和温带地区，常见于非洲、欧洲南部、东南亚和大洋洲。法兰西岛蜂虎体长约二十八厘米，尾长约十四厘米，尾部由 12 枚羽毛构成。头、颈、背为栗色，身体下方及翼上部覆羽为绿色，翼下部覆羽为茶褐色，翼端为淡黑色，腿呈淡红色。

海鸥 （*Goéland cendré*）

海鸥，为鸻形目鸥科中的一种。体型中等，包含四个种类。最常见的海鸥体长 40~46 厘米，翼展 106~125 厘米，重 300~500 克。其外表为灰色或白色，头部或翅膀常带有黑色斑纹，翼上部覆羽常常为灰白色或铅灰色，喙部为黄色，眼为深褐色。其腿短，喙长，足部有蹼。海鸥栖息于河岸上，但也会在内陆以及远离水域的地方生存，一般以小鱼和其它水生生物为食。海鸥是候鸟，主要在分布在亚洲、欧洲、澳洲、阿拉斯加及北美洲西部，冬季时会迁徙到南方。

摩鹿加天堂鸟（*L'Oiseau-de-Paradis, des Moluques*）

天堂鸟，为雀形目、天堂鸟科鸟类的统称，又名极乐鸟。其体长从15到110厘米不等，体重从50克到450克各异。雄鸟色彩缤纷艳丽，饰羽十分华丽，喙部坚硬，脚部强健。天堂鸟分布在印度尼西亚东部、托列斯海峡群岛、巴布亚新几内亚及澳大利亚东部，栖息于热带森林、雨林、沼泽和云雾林中。饮食主要由水果组成，间或以植物叶子、嫩芽、小型脊椎动物为食。雄天堂鸟在求偶时会长时间进行仪式化的表演，以自己绚丽的羽毛来吸引雌鸟。

阿尔卑斯山红嘴山鸦（*Le Coracias, des Alpes*）

红嘴山鸦，雀形目、鸦科、山鸦属。体长 37~39 厘米，尾长 12~14 厘米，翼展 75~85 厘米。其周身覆羽，多为带光泽的黑色，喙细长而曲，喙和腿为红色，叫声粗犷而尖利。红嘴山鸦分布在欧洲、亚洲、非洲，主要栖息于高山峭壁间的缝隙或洞穴中。在高山牧场、高山耕地附近和草地觅食，主要以各种昆虫为食，也食植物种子、果实、草种和嫩芽等。与红嘴山鸦类似的是黄嘴山鸦，但黄嘴山鸦的嘴相对较短，颜色为黄色，而非红色。

路易斯安那紫翅椋鸟（*Etourneau, de la Louisiane*）

紫翅椋鸟，又名欧洲八哥，为雀形目、椋鸟科的一属。体长19~23厘米，翼展31~44厘米，重58~101克。覆羽多为明亮的黑色、紫色或绿色，喙较长，腿多为粉红色，身体下部常带有斑点。分布在欧洲、伊拉克、印度、北美及中国大陆等地，主要生活于绿洲树丛间，营巢于树洞中。为杂食性动物，以各种害虫为食，但也会啄食稻谷。路易斯安那州紫翅椋鸟身体下部为金黄色，胸前有一块鳞状的褐斑，背部和羽翼、尾部呈现为带不规则斑纹的褐色。

摩鹿加家八哥（*Merle, des Moluques*）

家八哥，椋鸟科、八哥属。体长 23~25 厘米，重 80~140 克。一般栖息于高大乔木上及营巢于树干或峭壁洞穴内，喜开阔区域，常可在稀疏的林区、田间和居民区周围见到。主要以种子、水果、植物、昆虫等为食。分布在从斯里兰卡、印度、阿富汗到乌兹别克斯坦的亚洲南部热带地区，其栖息地有向亚洲东南部扩展的趋势。摩鹿加家八哥体色较为鲜艳，头顶、颈部、胸、腹为褐色，翼和尾部为金属光泽的绿色，翼缘有蓝色的宽带，十分漂亮。

孟加拉蓝翅八色鸫（*Merle, de Bengale*）

蓝翅八色鸫，雀形目、八色鸫科。体长 19~20 厘米，翼展 11~12 厘米，重约五十四克，较为圆胖。尾短，腿长，羽毛呈现各种丰富色彩。其栖息地包括亚热带或热带的低地灌木丛、湿润低地林、落叶林、常绿林、种植园、河流、溪流等。以各种昆虫和无脊椎动物为食，是一种全面迁徙性的候鸟。蓝翅八色鸫分布在印度、孟加拉、不丹、锡金、尼泊尔、巴基斯坦、斯里兰卡、马尔代夫和中国大陆西南地区。

马达加斯加蜂虎（*Guêpier de Madagascar*）

马达加斯加蜂虎，简称马岛蜂虎，佛法僧目、蜂虎科、蜂虎属。体长约三十一厘米，重 31~48 克。成年鸟为青铜绿色，头顶、枕骨、颈部和尾端覆羽为褐色，眼周有被白带环绕的铅灰色或黑色斑块，喙长而尖，略下弯。主食昆虫，特别是蜜蜂。它们栖息于东非和马达加斯加的各类草地和沿海山脉森林中，是一种部分迁徙性的候鸟，通常只在栖息地的南部区域哺育幼鸟，在旱季时会迁往南非北部。与大多数蜂虎不同，马达加斯加蜂虎并不会聚群进行繁殖。

塞内加尔红嘴犀鸟（*Calao à bec rouge, du Sénégal*）

塞内加尔红嘴犀鸟，犀鸟目、犀鸟科、弯嘴犀鸟属。体长约三十五厘米，重 90~220 克，是最小的犀鸟之一。尾长，背部及尾部中央呈黑褐色；翼上部褐色覆羽带有白色冰晶状斑；头部和身体下部为白色；喙和足部为红色，喙长，向下呈弧形状弯曲。有在树洞中筑巢的习惯。为杂食性鸟类，以各种昆虫、植物果实和谷物为食。它们栖息于撒哈拉以南非洲的热带或亚热带稀树草原及森林，可在从毛里塔尼亚南部经索马里到坦桑尼亚东北部区域内见到。

太平鸟（*Le Jaseur, de Bohème*）

太平鸟，又名连雀，雀形目、太平鸟科、太平鸟属。体长 18~20 厘米，翼展 32~35 厘米，重 40~68 克，体型中等。雌鸟与雄鸟形、色相同。头部有冠。鸟体主要为灰褐色，有一黑斑从眼部延伸至喉部；眼部下周有白色小斑；尾短，尖端为黄色且有黑色宽带。太平鸟分布在欧亚大陆北部和北美大陆北部的森林中，喜结群活动，多栖息于阔叶林带。喜食各种植物的种子和果实。由于受到非法鸟类贸易的威胁，它们被世界自然保护联盟视作近危物种。

卡宴红嘴巨嘴鸟（*Toucan à gorge blanche de Cayenne, appellé Tocan*）

红嘴巨嘴鸟，又名红嘴鵎鵼，䴕形目、鵎鵼科、鵎鵼属，是巨嘴鸟中分布最广且最为人知的一种。体长约六十四厘米，喙长约二十厘米，重约六百克。喙部十分巨大且有着鲜艳的颜色，羽毛为黑色，喉部为白色，胸部有一道玫红色的细纹，尾部近末端处有一黄色宽带，下方覆羽为红色，眼周呈蓝色，喙端黄色。它们栖息于南美潮湿的热带森林中，特别是在圭亚那和巴西，常常聚成小群或成对活动，主要栖于树上。以果实、浆果等为主食，间或进食昆虫或鸟蛋。

摩鹿加凤头鹦鹉（*Kakatoès, des Moluques*）

摩鹿加凤头鹦鹉，又名鲑色凤头鹦鹉，为鹦形目、凤头鹦鹉科鸟类。它们是印度尼西亚东部摩鹿加群岛及其附近小岛的特有鸟种，是鹦鹉中体型最大的种类，体长约五十厘米，雌鸟比雄鸟略大。羽毛为带有淡玫瑰色的白色，翼下部覆羽多呈亮黄色，头顶有冠，面临威胁时会将头冠竖起以震慑敌人。其叫声喧闹，善模仿。在自然环境下常栖息于海拔 1000 米以下的森林中。主要以谷物、坚果和浆果为食，偶食昆虫。通常单只、成对或集小群活动。寿命可达 60 年。

金吉红头鹦鹉（*Perruche à tête rouge, de Gingi*）

金吉红头鹦鹉，为鹦形目、鹦鹉科中的一种。体长约三十六厘米，重 165~200 克。其鸟体为暗绿色，眼睛周围、脸颊为红色，枕部为混合着青铜色的蓝色，前胸和腹部为黄绿色，喙为橘红色，爪为灰色，翼根部有些许红斑。尾部羽毛长短不一，中间两根为最长，颜色呈现出由草绿到橄榄黄的渐变。它们栖息于干燥、潮湿的森林、潮湿的长绿树林、落叶性森林及热带稀树草原等地区，喜欢群居，非繁殖期常常成对活动，主要分布在印度等地。

雄灰冠鹤（*L'Oiseau-Royal, mâle*）

灰冠鹤，又名灰冕鹤，鹤形目、鹤科、冠鹤属。体长约一百零五厘米，翼展180~200厘米，重3000~4000克。体羽主要为灰色，翼多为白色。它们生活在撒哈拉以南非洲的干燥草原上，但其筑巢地点的气候却较为湿润。它们同时也出没于肯尼亚、乌干达、卢旺达、坦桑尼亚等国近湖或近河的多草区域。灰冠鹤与黑冠鹤是唯一两种能在树上栖息的鹤，它们的后趾较长，能够抓住树枝。灰冠鹤主要以草种、昆虫及其它无脊椎动物为食。

大黑背鸥幼鸟（*Le Grisard*）

大黑背鸥，鸥形目、鸥科鸥属。成鸟体长 64~79 厘米，翼展 150~170 厘米，重 750~2300 克。头、颈为白色，背和翼为黑灰色，足部为肉色，脚具蹼，有厚实的喙。生活在大西洋北部海岛及北美海岸地区，如斯堪的纳维亚半岛、爱尔兰、英格兰等地的海岸和港湾。冬季时会往内地飞一段距离，经常独自或成对觅食。大黑背鸥要在出生后第四年才有灰黑色的翅膀和背部覆羽，前三年的幼鸟和亚成鸟的翅膀是褐花色的，有很多不规则斑纹。

1. 树麻雀（*Le Friquet*）

2. 欧洲金翅雀（*Le Verdier*）

树麻雀，燕雀科、麻雀属。体长约十四厘米，翼展22厘米，重8~26克，比家麻雀体型稍小。其额、头顶至颈部为栗色，脸颊两边各有一黑斑，背为棕褐色且带有黑色纵纹。为杂食性动物，主食谷粒、草种、果实等。广泛分布在欧亚大陆。欧洲金翅雀，雀形目、燕雀科、金翅雀属。体长14~15厘米，重25~35克。雄鸟羽毛为橄榄黄绿色，翼、头、胸和腹有着明暗各异的黄斑。分布在整个欧洲、北非、近东地区和亚洲东南部直至阿富汗地区。

东印度群岛鹩哥（*Le Mainate, des Indes Orientales*）

鹩哥，又名九官鸟，雀形目、椋鸟科、鹩哥属。体长 23~30 厘米，重 17~26 克。全身为黑色，头顶、颈、胸具黑绿色金属光泽，喙、足部及头后方的肉垂为金黄色。鹩哥是杂食性动物，吃各种昆虫、植物种子和浆果，栖息于常绿阔叶林边缘，经常在果树上觅食。它们被看作是最善于模仿人类语言的鸟类，可活 15~30 年。广泛分布在南亚和东南亚的山脉区域，如不丹、文莱、柬埔寨、中国、印度、印度尼西亚、尼泊尔、斯里兰卡等国。

卡宴黄喉巨嘴鸟（*Toucan à gorge jaune, de Cayenne*）

黄喉巨嘴鸟，䴕形目、巨嘴鸟科。体型中等，体长约五十六厘米，重620~740克。喙为草绿色，体羽主要为黑色，喉、胸为柠檬黄色，胸下部有一条橘黄色宽带，脸颊为淡粉色，腹部及尾的下部呈鲜红色。它们的栖息地多样，有热带平原、热带及亚热带湿润山林、山谷及林间地，习惯筑巢于树洞之中。以多种水果和昆虫为主食，有时也吃小型哺乳动物和鸟类。分布在南美洲西北端，包括哥伦比亚、委内瑞拉、圭亚那、马尔维纳斯群岛等地。

好望角丘鹬（*Bécassine, du Cap de Bonne Espérance*）

丘鹬，鹬科、丘鹬属。体型中小，较为圆胖，成鸟体长33~38厘米，翼展55~65厘米，重250~420克。腿短，喙直而长，羽毛一般为红褐色。栖息于潮湿且落叶层较厚的阔叶林和混交林中，是一种夜行性的涉水禽鸟，白天隐蔽，伏于地面，夜晚飞至开阔地进食。主要吃各种昆虫。分布在欧亚大陆温带和亚北极地区。好望角丘鹬体色比一般丘鹬丰富，背部和翼覆羽为带黑色细斑纹的青色，颈、喉和胸上部为淡橘红色，胸前有一条黑色宽带。

苏里南黑腹鹟䴕（*Jacamar à longue queue, de Surinam*）

黑腹鹟䴕，鹟䴕科、鹟䴕属。体型较小，体长 26~34 厘米，重 25~32 克。雌鸟和雄鸟外观类似，其喉部为白色，喙细长而直，末端尖如针，周身羽毛为深绿蓝色，下腹部蓝色更为明显，翼部覆羽具光泽，尾长而尖，中间两枚羽毛可达 18 厘米。它们大部分时候都很安静，叫声简单。黑腹鹟䴕分布在玻利维亚、巴西、哥伦比亚、厄瓜多尔、秘鲁和圭亚那的热带雨林及草原，其栖息地几乎包括了整个亚马逊盆地，主要以蝴蝶及其它飞行类昆虫为食。

好望角环颈鸫（*Merle à collier, du Cap de Bonne Espérance*）

环颈鸫，雀形目、鸫科鸟类。体长约二十四厘米，翼展 38~42 厘米，重 90~130 克。成年雄鸟通体黑色，胸部有白色月牙状斑块，雌鸟与雄鸟类似，但体色更淡，胸部无月牙斑块，其习性和叫声与乌鸫十分类似。它们分布在欧洲和非洲北部，主要生活在山区，通常可在海拔 1300~2500 米的坡地上看到。其食物会根据季节不同而略有变化，但主要为其昆虫和浆果。好望角环颈鸫的特点主要在于其颜色：通体为暗绿色，身体下部为金黄色，前胸有黑色宽带。

1. 圣多米尼克鸫（*Merle, de St. Dominique*）
2. 东印度群岛鸫（*Merle, des Indes Orientales*）

鸫，为雀形目中的一科。其嘴细长，翅长，善飞翔，叫声悦耳。多为杂食性鸟类，分布遍及非洲、欧洲、亚洲、大洋洲和美洲。圣多米尼克鸫体长约二十五厘米，身体上部为深灰色，下部为灰色。分布在海地和多米尼加共和国，其自然栖息地为热带或亚热带的湿润山地。由于栖息地的减少，圣多米尼克鸫的生存受到了威胁。东印度群岛鸫身体下部为纯白色，从头顶、颈部一直到背部、翼和尾部为黑色，翼上覆羽带有白色纵纹。

1. 东印度群岛杜鹃（*Coucou, des Indes Orientales*）

2. 科罗曼德凤头鹃（*Coucou huppé, de Coromandel*）

杜鹃，指鹃形目、杜鹃科鸟类，其中的大杜鹃因其叫声似“布谷”，因而又名布谷鸟。东印度群岛杜鹃体色单一，为带金属光泽且偏黑的青铜绿色。其喙为黄色，厚实，上下喙边缘不紧密切合而上喙向下弯曲覆盖了下喙的一部分。尾部较长。科罗曼德凤头鹃主要分布在新西兰北岛，体色较东印度群岛杜鹃丰富。喉部、胸部和腹部为纯白色，颈部有一圈白色带状纹，头后部羽毛呈冠状，翼上部覆羽为浅红棕色且带有少量鳞状斑块，身体其余部分为青铜绿色。

北极海鹦（*Le Macareux*）

北极海鹦，鸻形目、海雀科、海鹦属。体长 26~38 厘米，翼展 47~63 厘米，体重约四百九十克。头顶、背、翼和尾部为黑色；脸颊、胸和腹为灰白色；喉部常有一黑色宽带与背部相连；喙大，有黑、黄、灰三种颜色，呈条纹状分布；腿和足部为橙红色，与上体形成鲜明对比。北极海鹦是北极地区特有的一种珍禽，平日里栖息于海洋上，仅在繁殖期才回到岸边的岛屿或陆地，常成群飞翔于海边，以鱼为食。北极海鹦已被世界自然保护联盟列为易危物种。

1. 美洲最小的蜂鸟（*Le plus petit Oiseau-Mouche de l'Amérique*）
2. 卡宴斑点蜂鸟（*Oiseau-Mouche tacheté de Cayenne*）
3. 卡宴蜂鸟（*Oiseau-Mouche de Cayenne*）
4. 巴西红喉蜂鸟（*Oiseau-Mouche à gorge rouge, du Brésil*）

蜂鸟，为雨燕目、蜂鸟科的统称。其体型小，色彩鲜艳，能够以快速拍打翅膀的方式而悬停在空中，也是唯一可以向后飞的鸟，因飞行时两翅振动发出嗡嗡声而得名。蜂鸟主要分布在拉丁美洲，北至北美洲南部，并沿太平洋东岸直至阿拉斯加。蜂鸟飞行本领高超，飞行速度可达 90 公里 / 小时，俯冲时可达 100 公里 / 小时，除两翅振动发声外，蜂鸟还会发出清脆、短促、刺耳、犹如蟋蟀的吱吱声。

棉兰老斑点杜鹃（*Coucou tacheté, de Mindanao*）

杜鹃，指鹃形目、杜鹃科的鸟类，其中的大杜鹃因其叫声似“布谷”，因而又名布谷鸟。棉兰老斑点杜鹃，分布在菲律宾最南端的棉兰老岛。体型中等，尾部较长。其喙较短，呈黄色，虹膜为红色。鸟体羽毛共白色、褐色和黑色三种颜色。从头顶、颈部到背部和尾部均布满褐色和黑色组成的横向条纹，喉部、胸部和腹部则布满由黑色、白色和浅褐色组成的不规则斑纹，尾部各枚羽毛几乎等长，尖端有黑白色条纹。

北方鲣鸟（*Le Fou, de Bassan*）

北方鲣鸟，为鹈形目、鲣鸟科鸟类。体长约一百厘米，翼展 165~180 厘米，重 2800~3200 克。全身雪白，喉部或有黑斑，尾部尖端为黑色，身体呈高度流线型。飞行能力很强，常聚集为群觅食，富侵略性，叫声刺耳，善潜水，以鱼类和头足动物为食，每天要进食 400~700 克鱼类。北方鲣鸟原产于北大西洋，冬季时向南迁徙，远至美国东部和非洲西部，夏天会聚集成大群落。它们是欧洲体型最大的海鸟，筑巢于地上的碎石堆或斜坡、悬崖等的岩石突出部分。

卡宴白翅紫伞鸟（*Cotinga pourpré, de Cayenne*）

白翅紫伞鸟，雀形目、伞鸟科、白翅伞鸟属。体型中小，体长约二十厘米。鸟体大部分为亮丽的绯红色，翼端覆羽为白色，边缘有一条窄窄的黄色饰带，翼下部覆羽为白色，脚和足为黑褐色，喙和虹膜为黄色。其分布十分广泛，遍布于南美洲玻利维亚、巴西、厄瓜多尔、哥伦比亚、法属圭亚那、圭亚那、秘鲁、苏里南、委内瑞拉和马尔维纳斯群岛等地。白翅紫伞鸟自然栖息地为湿润的热带或亚热带低地森林，它们被世界自然保护联盟列为濒危鸟类。

好望角椋鸟（*Etourneau, du Cap de Bonne Espérance*）

椋鸟，为雀形目、椋鸟科的一属。体型中等，体长 17~30 厘米。翅膀较尖，尾短，嘴直而尖，无嘴须。性喜结群，叫声喧闹，善于模仿其它鸟的叫声，有些种类在饲养条件下可学人语。多以各种昆虫为食物，大多栖息在地面或是树上，常筑巢于树洞。椋鸟分布在非洲、欧洲、亚洲和美洲。好望角椋鸟脸颊两侧、眼周、身体下部覆羽及后背部覆羽均为白色，喙为浅栗色，足部为黄色，身体其余部分为黑色，翼部与背部连接处有白色条状斑，对比鲜明。

圣多米尼克条纹啄木鸟（*Pie rayé, de St. Dominique*）

条纹啄木鸟，为鴷形目、啄木鸟科的一种鸟类。分布在南美洲，包括哥伦比亚、委内瑞拉、法属圭亚那、圭亚那、苏里南、厄瓜多尔、秘鲁、玻利维亚、巴拉圭、巴西、智利、阿根廷、乌拉圭以及马尔维纳斯群岛。圣多米尼克条纹啄木鸟羽色丰富，头顶、颈部、背部和尾部连接处为红色；眼周、眼前、脸颊和喉部为白色；胸部和腹部为浅黄褐色；翼和背部覆羽为黑褐色，带淡褐色条纹，翼上有白色不规则斑纹；尾部和足部为黑色；喙部直而坚硬。

1. 好望角鼠鸟 （*Coliou, du Cap de Bonne Espérance*）

2. 塞内加尔蓝枕鼠鸟 （*Coliou huppé, du Sénégal*）

鼠鸟，为鼠鸟目、鼠鸟科唯一的属，包括六种鸟类，其身体大小似麻雀，体长 29~38 厘米。羽毛为暗黑色或暗棕色，羽毛质感似鼠类皮毛，尾巴十分长，多呈下垂状。其外形类似啮齿类，在灌木丛中跑动时的敏捷动作也类似鼠类，因此被称作鼠鸟。鼠鸟仅分布在撒哈拉沙漠以南的非洲大陆。蓝枕鼠鸟的头部羽毛松软，形成一个冠冕，颈部羽毛呈蓝色，尾部羽毛细而长，翼和背部连接处的羽毛带淡褐色，广泛分布在非洲中部的大部分国家。

摩鹿加犀鸟（*Calao, des Moluques*）

犀鸟，为佛法僧目、犀鸟科鸟类，体长和体重依种类不同而差异很大。其喙部长而厚实，尖端向下弯曲，头上有一个盔突，类似犀牛的角，周身羽毛多为棕色或黑色，或具有白色斑纹。犀鸟是典型的热带鸟类，主要分布在非洲及亚洲南部，它们大多成对活动，寿命一般在 30~40 岁。摩鹿加犀鸟的喙较短，体型中等。颈部、胸部、背部覆羽为褐色，喉部有一块覆盖眼周的黑斑，下有白色缘带，腹部羽毛为黑褐色，翼上部覆羽呈黑色，尾部呈灰白色。

墨西哥冠翠鸟（*Martin-Pêcheur huppé, du Mexique*）

冠翠鸟，佛法僧目、翠鸟科、翠鸟属。体型较小，体长约十三厘米，重 12~18 克。冠翠鸟头上的羽毛可竖起，头顶和背部羽毛为蓝色或蓝绿色，布有黑色点斑。以各种小型鱼类为食。广泛分布在非洲撒哈拉沙漠以南，是非洲最常见的翠鸟之一。墨西哥冠翠鸟体型中等。喙较为厚实，体羽颜色丰富，十分漂亮，枕部、背部、翼上部及尾上部覆羽为鲜艳的蓝色，下部覆羽为深灰色，翼和尾部布满白色条纹状斑，喉部为白色，胸部和腹部为橘色。

棉兰老棕胸佛法僧（*Rollier, de Mindanao*）

棕胸佛法僧，佛法僧科、佛法僧属。体长 30~34 厘米，翼展 65~74 厘米，重 166~176 克。背部为浅褐色，脸颊和胸部为淡紫色，头顶、翼上部覆羽、腹部和尾部为蓝色。棕胸佛法僧为留鸟，但会进行短途迁徙。其自然栖息地为空旷的稀疏林地，常筑巢于树的顶端，以便发现猎物。它们主要以大型昆虫、蜥蜴和青蛙等为食，不喜与人接触。棕胸佛法僧分布在伊拉克、伊朗、巴基斯坦、印度、缅甸、中国西藏及整个东南亚地区。

圣多米尼克双领鸻（*Pluvier à collier, de St. Dominique*）

双领鸻，为鸻科鸻属的涉水禽类。体型中小，体长 20~28 厘米，翼展约 46~48 厘米，重 75~128 克。成鸟的头顶、脸颊、背部和翼为褐色，眼周有白色条纹斑，胸部和腹部为白色，胸部有两条黑色宽带，翼上部的边缘处常有黑白色条纹。双领鸻的生活环境为有水域的地带，多栖息于开阔地带，比如田野、河滩、湖泊、沼泽等地，会在地面挖浅坑来筑巢，主要以地面的无脊椎动物为食。双领鸻分布在美国、加拿大、墨西哥、安的列斯群岛和秘鲁海岸。

吕宋岛蓝颈鹦鹉（*Perroquet, de l' Île de Luçon*）

蓝颈鹦鹉，为鹦形目、鹦鹉科的一种。体长约三十一厘米，重148~231克。体羽为绿色，翼上部覆羽带有棕色的鳞片状斑，枕骨处为天蓝色，喙部为橙红色，虹膜为黄色，爪为淡玫瑰色，雌、雄同形同色。它们主要生活于海拔1000米左右的平原上的原始密林中，但也会栖息于一些更为开阔的地域，比如次生林和田野间，平时多聚集成包含10~20只鸟的鸟群，以水果、谷物和坚果等为食，在树洞中筑巢。吕宋岛蓝颈鹦鹉分布在菲律宾和婆罗洲东北的岛屿上。

塞内加尔鹦鹉（*Petite Perruche, du Sénégal*）

塞内加尔鹦鹉，鹦形目、鹦鹉科。体长 20~26 厘米，重 120~161 克。头部为灰色或蓝灰色，背部、翼、喉部和尾部为绿色，但翼和尾部颜色稍显暗淡，腹部根据种类不同而呈现黄、橙或红色，其中以黄腹鹦鹉最为常见。主要栖息于有林地或干旱的开阔草原，以及有很多猴面包树的开阔林地，以谷物、浆果、嫩芽为主食。喜结伴活动，在旱季会不时进行短途迁徙。塞内加尔鹦鹉主要分布在非洲中西部撒哈拉沙漠以南地区，范围从塞内加尔直到乍得。

卡宴大冠蝇霸鹟（*Tyran huppé, de Cayenne*）

大冠蝇霸鹟，又名大凤头鹟，为霸鹟科、蝇霸鹟属。体长 17~21 厘米，翼展约三十四厘米，重 27~40 克。雌、雄同形同色，成鸟身体上部为褐色；腹部为黄色；喉部和胸部为灰色；尾部较长，为红棕色；头冠处羽毛茂盛，突起明显。大冠蝇霸主要分布在北美大陆的东部和中西部，少量分布在中美洲。它们是北美洲最为常见的一种蝇霸鹟，栖息于落叶林、混合林地及森林中，捕食飞虫为食，平时主要生活在树冠上，极少落于地面，会在树上凿洞并栖息其中。

1. 卡宴红头裸鼻雀（*Tangara à tête rousse, de Cayenne*）
2. 卡宴蓝翅唐加拉雀（*Tangara tacheté de Cayenne*）

两种鸟均为裸鼻雀科、黄嘴裸鼻雀属。卡宴红头裸鼻雀，体长约十三厘米，重 11~13 克。头顶为红棕色，身体上部为黄绿色或蓝色，胸、腹部为浅黄色，是巴西地区特有鸟种，其自然栖息地为湿润的热带或亚热带低地森林、山地森林及高度退化的森林。卡宴蓝翅唐加拉雀，体长约十一厘米，重约十克。体羽多为蓝色，背部、尾部和翼上部为黑蓝色，喉、胸部和背部下方有黑色点状斑，腹部为米白色。分布在巴西、法属圭亚那、苏里南、委内瑞拉等地。

1. 巴西麻雀（*Moineau, du Brésil*）

2. 巴西雌麻雀（*Sa femelle*）

麻雀，体长约十四厘米，雌鸟与雄鸟形、色非常接近。分布广泛，是与人类伴生的鸟类，栖息于居民点和田野附近。它们白天四出觅食，不进行迁徙，是一种常见的留鸟。在地面活动时双脚跳跃前进，翅短圆，不耐远飞，鸣声喧噪。除繁殖、育雏阶段外，麻雀非常喜欢群居。巴西麻雀浑身乌黑，只有喙和足部为淡粉色。巴西雌麻雀身体下部为米白色，身体上部主要为褐色，带有不规则黑色斑点及白色或黄色条纹。

1. 纽约黄雀（*Tarin, de la nouvelle Yorck*）
2. 纽约雌黄雀（*Sa femelle*）

黄雀，雀形目、燕雀科、黄雀属。体型较小，体长约十二厘米，重 10~14 克。其翼部覆羽有对比十分鲜明的黑色带状纹。尾部为黑色且有黄斑；胸和腹部为黄色或白色；背部为灰绿色，带浅条纹；尾部和背部连接处为白色。雌鸟与雄鸟的区别在于雌鸟并无头部的黑斑。黄雀叫声尖利，性活跃，并不害怕接触其它的燕雀。它们分布在整个欧洲、亚洲（除东南亚）、埃及和利比亚等地，习惯栖息于山林、丘陵和平原地带。多以各种植物果实和种子为食。

塞内加尔黄嘴牛椋鸟（*Le Pique-bœuf, du Sénégal*）

牛椋鸟，雀形目、椋鸟科的一属，包括红嘴牛椋鸟和黄嘴牛椋鸟。黄嘴牛椋鸟体长约二十厘米，重 57~71 克。它们以家畜或是野生哺乳动物（比如非洲水牛、长颈鹿、犀牛、河马）身上的虱子等寄生虫为食，主要在雨季筑巢，习惯筑巢于树洞中，无迁徙行为，会聚集为集体进行繁殖。牛椋鸟分布在撒哈拉沙漠以南非洲的热带或亚热带稀疏草原上，大部分的开阔地都可成为其栖息地，但不会出现在沙漠和雨林。其分布数量多少取决于其食物获取难易程度。

马拉巴四声杜鹃（*Coucou, de Malabar*）

四声杜鹃，杜鹃科、杜鹃属。体型中等，雌鸟与雄鸟形、色相同，体长约三十厘米。身体上部为暗灰色，身体下部为淡灰色或白色并带有黑色横斑，全身除腹部和尾部之外羽毛均呈鳞状分布，尾部各枚羽毛为黑灰色且带白色横斑。叫声为四个音节，因此得名。四声杜鹃分布在印度次大陆，东南亚从印度、孟加拉、不丹、尼泊尔、斯里兰卡向东至印度尼西亚，向北至中国和俄罗斯的区域，多栖息于平原以至高山的大森林中。喜独居，性腼腆，不易为人所见。

1. 马达加斯加杜鹃（*Coucou, de Madagascar appellé Toulou*）
2. 马达加斯加蓝杜鹃（*Coucou bleu, de Madagascar*）

马达加斯加杜鹃，杜鹃科、杜鹃属。体长约二十八厘米，重约六十五克。全身大部分覆有菱形斑纹，胸部和上腹部为白色，下腹部和尾部为黑绿色，喙部为褐色。马达加斯加杜鹃虽然只在马达加斯加岛进行繁殖，但非繁殖期会在非洲大湖地区及印度洋海岛的一些国家等地度过，比如布隆迪、刚果民主共和国、卢旺达、乌干达和赞比亚。马达加斯加蓝杜鹃的体型类似马达加斯加杜鹃，但其周身羽毛均为十分淡雅的天蓝色，带有一些不规则淡斑，喙部呈黄色。

卡宴红背伯劳（*Pie-grièche jaune, de Cayenne*）

红背伯劳，伯劳科、伯劳属。体长约十七厘米，翼展 24~27 厘米，重 22~47 克。分布在除澳洲和中、南美洲以外的所有大陆，但主要分布在欧洲。红背伯劳是一种典型的候鸟，喜欢出没于平原及荒漠原野的灌丛、开阔林地及树篱，以昆虫为主食，叫声粗哑。卡宴红背伯劳颈部、背部和尾部覆羽为栗色，头顶有黑斑，脸颊和喉部为白色，腹部金黄，翼带斑，喙较长，尖端向下弯曲成钩状，根部有一延伸至后颈的黑色宽纹。

1. 塞内加尔灰伯劳（*Pie-grièche grise, du Sénégal*）
2. 卡宴横斑蚁鵙（*Pie-grièche rayée, de Cayenne*）

灰伯劳，伯劳科、伯劳属。体长约二十五厘米，翼展 30~34 厘米，重约五十五克。头、胸和腹部为灰色，头顶或有黑色纵纹，分布广泛。横斑蚁鵙，蚁鵙科、蚁鵙属。长约十六厘米，重约二十五克。雄性个体全身布满黑白交替的斑纹，喙部为棕色。生活于新热带界中，分布广泛，可在墨西哥的塔毛利帕斯州、整个中美洲、特立尼达和多巴哥、南美洲安地斯山脉以东大部分地区、阿根廷北部、玻利维亚和巴拉圭看到，是蚁鵙中最为常见的一种。

1. 马达加斯加蓝伯劳（*Pie-grièche bleu, de Madagascar*）
2. 马达加斯加红棕伯劳（*Pie-grièche rousse, de Madagascar*）

马达加斯加蓝伯劳，身体上部为天蓝色，喙根部有黑色圈纹，翼末端和尾部外侧羽毛为灰黑色，喉部、胸部和腹部为雪白色。喙短而较为厚实，呈铅灰色。马达加斯加红棕伯劳，整个头部、颈部和喉部及上胸部均为黑色，背部、翼上部覆羽和尾部为红棕色，下胸部、腹部和翼下部覆羽则为雪白色。喙部厚实，上喙末端向下弯曲覆盖下喙，形成钩状。

1. 马达加斯加雄小伯劳（*Petite Pie-grièche, de Madagascar mâle*）

2. 马达加斯加雌小伯劳（*Petite Pie-grièche, de Madagascar femelle*）

马达加斯加小伯劳体型较小。雄鸟喉部和上胸部有黑色斑块，并且从喙根部有一黑色宽带延至眼周；身体上部为黄铜色或褐色，头顶、颈部和背部颜色较深，为褐色；翼上部覆羽和尾部羽毛为黄铜色，翼和背部连接处有黄色斑块；身体下部为白色。雌鸟喉部、胸部和腹部均为白色，头顶、颈部、背部、翼和尾部羽毛均为灰褐色。

流苏鹬（*Le Chevalier varié*）

流苏鹬，鹬科、流苏鹬属。体型中等，体长 20~32 厘米，翼展 29~32 厘米，重 70~150 克。身体下部多为白色，头顶或有黑斑，背和翼上部覆羽呈栗色、灰色、褐色或黑色，翼上部覆羽或有黑褐色斑纹。它们总是栖息于潮湿地区，如沼泽地、湿草地和湖泊岸边。主要以各种小型无脊椎动物为食，也会吃谷物、花和藻类，在繁殖期会进食各种昆虫。流苏鹬在欧亚大陆近海地区筑巢，但会在非洲、部分近东地区、某些亚洲海岸及澳大利亚南部过冬。

1. 卡宴灰喉裸鼻雀 （*Tangara tacheté, de Cayenne*）
2. 圭亚那火冠黑唐纳雀 （*Tangara hupé, de la Guiane*）

两种鸟均属雀形目、裸鼻雀科。灰喉裸鼻雀，喙短，头部和上身部位呈均匀的暗灰色。主要栖息于比较开阔的开放或半开放处，但一般会避开茂密的森林内部，常以花、花蕾或昆虫为食。主要分布在巴西，玻利维亚，巴拉圭，乌拉圭北部、中部、东南部，以及阿根廷东北部，秘鲁的东南部。火冠黑唐纳雀，体长约十五厘米。雄鸟头部呈黑色，顶部有一块橙色羽毛，胸前有一块呈橘红色围裙状的羽毛。翼上部覆羽有大片白色，下部覆羽呈深棕黑色。主要分布在巴西、玻利维亚、哥伦比亚、厄瓜多尔、圭亚那、秘鲁、苏里南、委内瑞拉等地。

1. 巴西白须娇鹟（*Manakin du Brésil*）

2. 卡晏绯红冠娇鹟（*Manakin orangé de Cayenne*）

两种鸟均属雀形目、娇鹟科，体型、大小相近，体长约十一厘米。白须娇鹟，外形会因性别和年龄的不同而发生变化。有些成年雄鸟的冠、上背部、翅膀和尾巴均呈黑色，腿呈橙色，其它部位呈白色。雌鸟和幼年雄鸟的羽毛呈橄榄绿色，腿仍为橙色。喜欢栖息于森林、次生生长和种植园中，主要以水果和某些昆虫为食。主要分布在亚马逊盆地、委内瑞拉的奥里诺科河流域，以及哥伦比亚、厄瓜多尔等地。绯红冠娇鹟，头部、腹部均呈橘红色，颈部以下到尾部呈黑色，翅膀上点缀几根白色的羽毛。主要栖息于亚热带或热带沼泽，以及严重退化的前森林，以昆虫为食。主要分布在在巴西、圭亚那、苏里南和委内瑞拉、保加利亚等地。

1. 卡宴白须娇鹟，成年雄鸟（*Manakin à tête noire, de Cayenne*）
2. 卡宴蓝背娇鹟，幼年雄鸟（*Manakin verd hupé, de Cayenne*）

蓝背娇鹟，雀形目、娇鹟科。体长约十三厘米。外形会因性别和年龄的不同而发生变化。雄鸟的羽毛以黑色为主，背部为亮蓝色，腿呈淡橙色。头部羽毛呈红色；而雌鸟下半身呈橄榄绿色；幼鸟外形呈橄榄色，但头顶呈红色。多喜欢栖息于森林、次生生长和种植园中，主要以昆虫为食。主要分布在美国南部的热带地区，以及从哥伦比亚和多巴哥到巴西东南部的地区。

卡宴黑额伯劳（*Pie ~ Grièche grise, de Cayenne*）

黑额伯劳，伯劳科、伯劳属。体长约二十厘米。成年雄鸟额部呈黑色，眼先、过眼及耳羽和上体呈灰色；中央尾羽呈黑色，外侧尾羽呈白色；黑翅缀有白翅斑；下体呈淡粉棕色。喜欢栖息于比较开阔的乡村地区或灌木丛中，以昆虫为食，比如甲虫、蝴蝶、蛾和蝗虫等。主要分布在阿拉伯高原以北，非洲南部，欧洲的中部、南部，俄罗斯、土耳其、阿富汗、伊朗，以及中国的新疆等地。

流苏鹬，雄性（*Paon de mer, mâle*）

流苏鹬，鹬科、流苏鹬属。体型中等。它具有显著的性别差异，雄鸟比雌鸟要大得多。雄性流苏鹬体长 26~33 厘米。面部呈黄色，有裸区，头两侧耳状簇羽如扇伸展至枕侧，在颈侧和胸部有十分夸张的流苏状饰羽。长腿，颜色可变，但通常为黄色或橙色。主要栖息于平原草地上的湖泊、沼泽地带，以昆虫等无脊椎动物或植物种子为食。主要分布在欧亚大陆北部。

流苏鹬，雌性（*Paon de mer, femelle*）

雌性流苏鹬，体长 20~27 厘米，体型比雄鸟小，面部没有裸区，头部和颈部也没有饰羽。上身呈黑褐色，羽毛的边缘地方呈黄色或白色，腹部呈白色，肋部有褐斑。习性与分布地区同雄性流苏鹬。

巴西凹嘴巨嘴鸟（*Toucan à gorge, jaune du Brésil*）

凹嘴巨嘴鸟，鴷形目、巨嘴鸟科。体型较大，大约与喜鹊体型相似，体长约四十四厘米。羽毛呈黑色，脚和爪子也呈黑色，脸颊及喉部呈硫黄色，尾的腹面带鲜红色，喙以黑色为主，裸露的眼皮呈亮蓝色。主要栖息于低地雨林，有时也在稀疏树木的空旷地处出没，主要以昆虫和果实为食，有时也会吃自己的卵和雏鸟。主要分布在南美洲，比如圭亚那、秘鲁、巴西、智利等地。

西伯利亚红喉潜鸟（*Plongeon à gorge rouge, de Sibérie*）

红喉潜鸟，潜鸟科、潜鸟属。体型较大，体长55~67厘米，是世界上最小、最轻的潜鸟。颈短，嘴细且尖。成鸟的头部和颈部呈灰色，喉部有一块三角形斑，下体呈白色。胸侧有黑色纵纹，两肋具黑色斑纹；尾下覆羽具黑色横斑。雄鸟和雌鸟在外貌上差别不大。喜欢栖息在北极苔原或森林苔原带的湖泊、江河与水塘中，大多数时候以鱼类为食，有时也会吃一些无脊椎动物。主要分布在欧亚大陆北部和美国北部的北极地区。

塞内加尔褐胸燕（*Hirondelle à ventre roux, du Sénégal*）

褐胸燕，雀形目、燕科。体型较大，体长约二十四厘米。身体表面呈蓝色，包括胸部、腹部在内的整个下半身呈褐色。颈部有一块呈项圈状的褐色。后翅呈白色，飞羽呈黑色。尾巴分叉，且雄鸟的尾巴稍长。飞行速度较为缓慢。喜欢栖息于沟壑、陡壁及山地岩石带，主要以被困在空中的昆虫为食。分布在非洲中南部地区，包括阿拉伯半岛的南部、撒哈拉沙漠（北回归线）以南的整个非洲大陆。

1. 巴西黄巧织雀（*Gros~Bec, du Brésil*）

巴西黄巧织雀为黄巧织雀的一种，与普通黄巧织雀相比，羽毛颜色更丰富多彩。布封称它为红黑织雀，非常恰当地概括了它的颜色。大小与一般的织雀相同，尾巴很长。雌鸟只在头部和尾部有一点儿红色的羽毛，下半身有玫瑰红色的斑点。黄巧织雀主要分布在非洲中南部地区，包括阿拉伯半岛的南部、撒哈拉沙漠（北回归线）以南的整个非洲大陆。

2. 卡晏红巧织雀（*Gros~Bec, de Cayenne*）

红巧织雀，又名红寡妇雀，织布鸟科、寡妇鸟属。体型细小，体长10~11厘米。体羽大部分呈红色。前额、脸颊及尾羽底呈红色，腹部呈黑色，翅膀呈灰色，腿部呈浅棕色。雌鸟的喙像乌鸦一般黑，上半身呈棕黑色，同时羽毛边缘点缀着浅灰色；雄鸟的肋部颜色更黑，上半身的羽毛呈黑色，喉部周围围绕着一圈灰红色羽毛。主要栖息于芦苇或沼泽地带，以种子或昆虫为食。主要分布在好望角及非洲的其它地方。

1.
2.

非洲灰鹦鹉（*Perroquet cendré, de Guinée*）

非洲灰鹦鹉，鹦鹉科、非洲鹦鹉族。体形中等，体长 33~46 厘米。身体主色为深浅不一的灰色，头部周围和两翼呈深灰色，同时头部及身体羽毛的周围有白色的滚边，尾巴上的羽毛为红色。通常栖息在低海拔地区及雨林，以果实为食，也吃树皮、昆虫等。主要分布在非洲中部和西部，西起几内亚比绍，东到肯尼亚西部。

卡宴橙翅亚马逊鹦鹉（*Perroquet verd et rouge, de Cayenne*）

橙翅亚马逊鹦鹉，鹦鹉科、亚马逊鹦鹉属。体长约三十一厘米，体重约三百四十克。它身体的主要颜色为绿色，头部和双翼的颜色较深，头顶有黄色的羽毛，翅膀中间有橙色的羽毛，脸颊也分布着橘黄色的羽毛。喜欢栖息于低地的林区，主要以水果和种子为食，比如棕榈树的果实或可可豆。广布于南美洲北部，比如玻利维亚、巴西、哥伦比亚、厄瓜多尔、圭亚那、秘鲁、苏里南、特里尼达、多巴哥、委内瑞拉和波多黎各等地。

东印度鸸鹋（*Casoar, des Indes Orientales*）

鸸鹋是鸟纲鸸鹋科唯一物种，也是世界上最古老的鸟种之一。体高约一百九十厘米，性情比较温和。身体覆盖着棕色柔软的羽毛，既长又卷曲，自颈部向身体的两侧覆盖。头部和颈部呈暗灰色，颈部裸露的皮肤呈蓝色，喙呈黑色。脖子和腿都较长，擅长奔跑，但不会飞。以各种植物和昆虫为食，也可以好几个星期不吃东西。栖息于森林和比较开阔的地带，主要分布在澳大利亚比较开阔的山区。

塞内加尔长尾蜂虎（*Guêpier à longue queue, du Sénégal*）

塞内加尔长尾蜂虎，蜂虎科。体长约十六厘米。喙呈黑色，头部呈红色。身体表面呈红棕色，腹部、臀部以及羽毛覆盖处都呈海绿色。喉部、颈两侧以及胸部呈亮蓝色。翮羽呈绿色，两翼以上的羽毛呈蓝色，覆盖的羽毛呈灰色。栖息于村庄附近丘陵林地，以空中飞虫为食，特别喜欢吃蜂类。主要分布在西非，比如塞内加尔和赞比亚等地。目前这种鸟已经灭绝。

塞内加尔白翅黄池鹭，幼鸟 (*Petit héron roux, du Sénégal*)

白翅黄池鹭，鹭科、池鹭属。体型中等。幼鸟的头部及颈部均覆盖着纵向的黑色条纹，条纹底部呈鲜红色，颈部下面分布着红棕色条纹；背部呈棕色，翅膀的箭羽呈白色；下身、腿部以及尾巴都呈白色，喙呈灰蓝色，双脚呈浅黄色。喜欢栖息在河口三角洲、森林、沼泽地、水生植被区、池塘、沟渠、稻田和湖泊。主要以青蛙为食，也吃昆虫或鱼类。分布在亚欧大陆、非洲北部及印度洋的部分岛屿。

斑尾林鸽（*Le pigeon ramier*）

斑尾林鸽，鸠鸽科、鸽属。体型和野斑鸽相似，体长40~45厘米。头部和颈部呈暗灰色，颈部侧面有一块黄色色斑，双翼呈灰褐色，翅上具白色横纹，下背、腰部和尾上覆羽呈暗灰色，脚呈珊瑚红色。雌鸟和雄鸟外貌差别不大。喜欢栖息于地面、树丛或灌木间，以植物、谷物等为食。主要分布在欧洲、中国、俄罗斯、亚洲中部、巴基斯坦、尼泊尔、锡金和印度西北部等地。

塞内加尔红眼鹎（*Merle à cul jaune, du Sénégal*）

红眼鹎，鹎科、鹎属。体长约十八厘米。头部和喉部呈黑色，其它部分的羽毛大致呈深色，脚呈灰红色，喙呈黑色。喜欢栖息于热带或亚热带干燥的草原或灌木丛中。主要以昆虫为食，也吃蜘蛛等其它无脊椎动物。分布在非洲中南部地区，比如南非、安哥拉、赞比亚、博茨瓦纳共和国、纳米比亚、斯威士兰王国等非洲国家。

塞内加尔小蜂虎（*Petit guêpier, du Sénégal*）

小蜂虎，佛法僧目、蜂虎科，是非洲特有的蜂虎。身体细长，体长 15~17 厘米。像其它食蜂鸟一样，它的色彩丰富，上半身呈绿色，喉咙处呈黄色，翅膀呈绿色和棕色，喙为黑色。喜欢栖息于灌丛、草原等地，主要以昆虫为食，尤其是蜜蜂、黄蜂和大黄蜂。分布在撒哈拉沙漠以南的非洲国家，如塞内加尔、扎伊尔、苏丹、埃塞俄比亚、索马里、坦桑尼亚、纳米比亚、博茨瓦纳和南非等。

1. 巴西白颊食籽雀（*Bouvreuil à plumes frisées, du Brésil*）
2. 卡晏棕胸食籽雀（*Bouvreuil à ventre roux, de Cayenne*）

两种鸟均为鹀科、食籽雀属。体型较小。栖息在热带或亚热带的林地或灌丛及退化的原始森林，主要以植物种子为食。主要分布在南美洲，比如阿根廷、玻利维亚、巴西、哥伦比亚、厄瓜多尔、圭亚那、巴拉圭、秘鲁等地。白颊食籽雀上身呈黑色；腹部羽毛呈白色，卷曲状；喙和双脚呈灰色；两颊有白斑；尾巴呈黑色。成年雄鸟的羽毛更为鲜明，而雌鸟和幼鸟羽毛相同。棕胸食籽雀体型更小。其腹部羽毛呈棕红色，上身羽毛呈灰绿色，但翅上羽毛、箭羽和尾羽均呈白灰色。喙粗而短。喙和脚呈暗黑褐色。

塞内加尔灰啄木鸟（*Pie appellé goertan, du Sénégal*）

灰啄木鸟，啄木鸟科、灰啄木鸟属。体型中等，体长 26~31 厘米。嘴呈黑色，头顶朱红色，背和翅呈暗橄榄绿色至灰绿色，飞羽具有白色横斑，下腹至尾前端羽毛呈朱红色。主要栖息于阔叶林带或次生林带，很少出现在针叶林中，主要以蚂蚁、小蠹虫、天牛幼虫、鳞翅目、鞘翅目、膜翅目等昆虫为食，偶尔也吃植物果实和种子。主要分布在非洲中南部地区，包括阿拉伯半岛的南部、撒哈拉沙漠（北回归线）以南的整个非洲大陆。

1. 巴西黄鹀（*Bruant, du Brésil*）

黄鹀是鹀科、鹀属的小型鸣禽。体长 17~20 厘米。头黄而腰棕，翼和尾羽为暗褐色，外侧两枚尾羽外翈具大型白斑；颏、喉、胸和腹部为鲜黄色，体侧有锈栗色纵纹。喙为圆锥形。喜欢栖息于树林边缘以及有矮丛的地带，主要以植物种子为食。分布在欧洲东部至西伯利亚及蒙古北部、中国和日本等地。

2. 留尼汪红鹀（*Bruant de l'Isle de Bourbon*）

留尼汪红鹀，鹀科鹀属。头部、颈部、喉部以及双翼下部呈鲜红色，背部和尾部呈棕色。雌鸟和幼年雄鸟的头部呈棕色，颈部和双翼呈红色，喉部呈暗棕色，喙呈棕色，双脚呈黄色，点缀着红色的斑点。尾巴要比鹀类的鸟短一些。主要栖息于树木和灌木中，以昆虫和昆虫幼虫为食，也吃部分小型无脊椎动物，以及种子、果实之类的食物。主要分布在留尼汪岛。已在 17 世纪 70 年代灭绝。

1
2

美洲水雉（*Jacana, du Mexique*）

美洲水雉，水雉科、美洲水雉属。体型中等，体长17~23厘米。羽毛为红褐色，具有明亮的金绿色飞羽，前额上具有一块黄红色的斑。主要栖息于热带地区的水塘或湖泊中，因为它们能够在浮水植物叶片上自由行走，通过长脚趾来分散身体的重量，所以又被称为“轻功鸟”。美洲水雉的繁殖方式特别奇特有趣，实行一雌多雄的婚配制度。主要分布在墨西哥、美国、巴拿马、古巴、牙买和西印度群岛的岛屿上。

瑞士小苇鳽（*Le Blongios, de Suisse*）

小苇鳽，鹭科、苇鳽属。体型较小，体长 33~38 厘米。羽色偏黄色或黑白色。成年雄鸟呈绒白色，顶冠呈黑色，两翼呈黑色，嘴呈红色。雌鸟呈黄褐色，上体具有褐色纵纹，翼呈褐色且具皮黄色块斑。喜欢栖息于沼泽和湖边，习惯在沼泽草丛中或树上筑巢。以各种小鱼、蛙、蝌蚪、水生和陆生昆虫、甲壳类和软体动物等为食。主要分布在亚洲中部、欧洲中部及南部、非洲、印度、马达加斯加岛、澳大利亚、新西兰，以及中国新疆等地。

1. 白喉娇鹟（*Manakin à gorge blanche*）

1. 卡晏白额娇鹟（*Manakin à front blanc, de Cayenne*）

两种鸟均属娇鹟科。体型既短且胖，体长 7~15 厘米。喜欢栖息于亚热带或热带雨林的潮湿低地与干燥的森林中，以浆果和昆虫为食。主要分布在南美洲，包括哥伦比亚、委内瑞拉、法属圭亚那、圭亚那、苏里南、厄瓜多尔、秘鲁、玻利维亚、巴拉圭、巴西、智利、阿根廷、乌拉圭及马尔维纳斯群岛。白喉娇鹟雄鸟的羽毛大部分呈黑色，且有鲜明的白色色斑。雌鸟呈淡绿色。喙既短且粗。两翼和尾巴均较短。白额娇鹟额头有鲜明的白色色斑，腹部以下呈黄色，尾部饰有蓝色羽毛，其余部位呈黑色。

卡晏欧夜鹰（*Grand crapaud ~volant, de Cayenne*）

欧夜鹰，夜鹰科、夜鹰属。体型中等，体长约二十七厘米。上身呈棕灰色，且具黑色条纹。下身呈棕赭色，且具暗黑褐色细横纹。喉部两侧有白色块斑。飞羽呈暗栗色，且具棕色块斑。虹膜呈褐色或黑色，嘴呈黑色，脚呈红色或红褐色。两性在外貌上差别不大。喜欢栖息在林间空地、灌木丛和沟谷疏林地带，以蚊、蚋、甲虫、夜蛾等昆虫为食。主要分布在欧洲、亚洲北部、中国北方、蒙古及非洲西北部。

塞内加尔蓝腹佛法僧（*Rollier, du Sénégal*）

蓝腹佛法僧，佛法僧科、佛法僧属。体型中等，体长 28~30 厘米。顶部呈棕色，头部、颈部、喉部及胸部都呈浅黄色或灰色，下半身呈深蓝色，尾巴呈淡蓝色，腹部、两翼呈暗深蓝色，喙呈黑色，腿呈橄榄绿色。雌鸟和雄鸟在外貌上差别不大。喜欢栖息于温暖和广阔的郊野，以昆虫、蜥蜴、蜘蛛、小型哺乳动物及小鸟为食。主要分布在非洲，由塞内加尔至扎伊尔东北部地区，包括贝宁、尼日尔、科特迪瓦等地。

非洲白颈鸦（*Corneille, du Sénégal*）

非洲白颈鸦，鸦科、鸦属。体型中等。头部、下身、两翼和尾巴都呈黑色，从颈部到腹部有明显的白色项圈状斑痕，喙呈黑色，双脚呈灰色。喜欢栖息于温带草原、绿洲、亚热带或热带的（低地）干燥疏灌丛、旱林、干草原、耕地、淡水湖、污水处理区、干燥的稀树草原、溪流、高海拔草原、种植园等地，主要以虫类为食。分布在非洲中南部地区，包括阿拉伯半岛的南部、撒哈拉沙漠（北回归线）以南的整个非洲大陆。

卡晏绿拟椋鸟（*Cassique verd, de Cayenne*）

绿拟椋鸟，拟鹂科、拟椋鸟属。体型中等，体长约 30~50 厘米。头部、胸部以及背部呈橄榄绿色，双翼呈浅绿色，下部呈褐色。尾部为圆形，内侧羽毛呈黑色。喙比较厚实，呈棕色。喜欢栖息于热带雨林的森林中，主要以虫类为食。分布在南美洲热带雨林地区，如哥伦比亚、委内瑞拉、法属圭亚那、圭亚那、苏里南、厄瓜多尔、秘鲁、玻利维亚等地。

塞内加尔棕斑鸠（*Tourterelle à large queue, du Sénégal*）

棕斑鸠，鸠鸽科、斑鸠属。体型较小，体长约二十五厘米。体羽大部分呈粉褐色，腹部呈灰色。两翼较短，尾巴很长。喙呈灰色，双脚呈粉红色，颈部带有黑色斑点的褐色颈带。外侧尾羽羽端呈白，且具有独特的蓝灰色翼斑。喜欢栖息在荒漠、半荒漠地区的绿洲树丛间，以及村庄和小镇附近，以植物种子、果实或谷物为食。主要分布在非洲、阿拉伯半岛、伊朗、阿富汗、巴基斯坦、印度、尼泊尔等地。

黄喉拟鴷（*Barbu, de Maynas*）

黄喉拟鴷，须鴷科、黄嘴须鴷属。体长约二十厘米。嘴粗厚，呈黑色。脚呈铅灰色。头部大致为蓝色，喉部呈黄色，眼部有红色斑点，前颈有红斑，后颈、背部呈鲜绿色，胸以下中部呈暗红色，其余部位为鲜黄绿色。喜欢栖息于阔叶林中，在市区公园等地也能看到它的身影。主要以果子和昆虫为主食。主要分布在拉丁美洲亚马逊河一带，如秘鲁、哥伦比亚、厄瓜多尔、玻利维亚及巴西北部等地。

菲律宾赤胸拟啄木鸟（*Barbu, des Philippines*）

赤胸拟啄木鸟，须䴕科、拟啄木鸟属。体型较小型，体长 15~17 厘米。前额和头顶前部呈朱红色；头顶后部呈黑色；上体的其余部位呈橄榄绿色；眼上、眼下具鲜艳的橙黄色斑；喉部、胸部呈橙黄色；上胸有一条宽的鲜红色胸带；其余下体部位呈淡黄白色，且具有暗绿色纵纹；脚呈鲜红色。主要栖息于低山和山脚平原地带阔叶林和林缘与农田地区。以植物果实和种子为食，也吃昆虫和昆虫幼虫等动物性食物。主要分布在巴基斯坦至中国南部、菲律宾、苏门答腊、爪哇及巴厘岛。

塞内加尔鸦鹃（*Coucou, du Sénégal*）

塞内加尔鸦鹃，杜鹃科、鸦鹃属，是杜鹃科珍稀鸟类。体型中等，体长约为三十九厘米。上身、双腿和长尾都呈黑色，双翼呈栗色，下身呈白色。飞行力比较弱。雌鸟和雄鸟外貌差别不大。喜欢栖息于热带和亚热带的灌木丛或无树大草原，主要以昆虫、毛毛虫和一些无脊椎动物为食，有时也吃水果等其它食物。主要分布在除西北部及阿拉伯南部以外的非洲大部分地区。

黑浮鸥（*Hirondelle de mer, appellée l'Epouvantail*）

黑浮鸥，鸥科、浮鸥属。为小型水禽，体长240~270厘米。夏羽头部、颈部和下体呈黑色，背部和尾部呈灰色，翅下覆羽呈白色。冬羽前额和下体呈白色，耳区有一黑色斑，与头顶黑色相连，并延伸至眼下。喙呈黑色，长且尖。脚呈红褐色。喜欢栖息于平原、山地、森林和荒漠中的湖泊、沼泽地带，主要以水生无脊椎动物和岸边的昆虫为食，也捕食小鱼。繁殖期分布在北美洲、欧洲及西伯利亚中部，冬季南迁至中美洲、南非及西非，漂鸟远至智利、日本及澳大利亚。

塞内加尔林区翡翠（*Martin~Pêcheur, du Sénégal, appellé Crabier*）

林区翡翠，翠鸟科、翡翠属。体型中等，体长约二十一厘米。头部和颈部呈灰蓝色，尾巴呈蓝色，喉部呈灰色，嘴巴上部呈红色，而较低的下颌呈黑色。喜欢栖息于茂密的森林和河岸近水的地方，以及热带草原林地的边缘、河流、湖泊或红树林等地。主要以无脊椎动物为食，如蟋蟀、蜘蛛、蝎子和蜗牛等。主要分布在非洲中南部地区，包括阿拉伯半岛的南部、撒哈拉沙漠（北回归线）以南的整个非洲大陆。

古巴亚马逊鹦鹉（*Perroquet à front blanc, du Sénégal*）

古巴亚马逊鹦鹉，亚马逊鹦鹉属。体型中等，体长28~33厘米。体羽主要呈绿色，双翼上有一些蓝色的羽毛，两颊及喉部呈粉红色，前额及眼圈呈白色，喙呈灰色，耳上的羽毛呈黑色，腹部呈深红色。主要栖息在山区的森林中，以及低纬度的林区，尤其喜好针叶植物。以水果、浆果、种子、坚果、花朵以及植物嫩芽等为食。主要分布在古巴岛的东部和中部、巴哈马群岛、开曼群岛等地。

古巴鹦鹉（*Perroquet de Cuba*）

古巴鹦鹉，为古巴亚马逊鹦鹉的变种。体型中等。它的头部、颈部以下及上身的羽毛都被红色包围着；喉部、颈前部、腹部都呈鲜红色；一级箭羽呈白色，其他箭羽根部呈红色；尾部呈黄色；脚趾呈白色。主要栖息在山区的森林中，以及低纬度的林区，尤其喜好针叶植物。以水果、浆果、种子、坚果、花朵及植物嫩芽等为食。主要分布在古巴。

卡晏麝雉（*Faisan huppe, de Cayenne*）

麝雉，麝雉科、麝雉属。体型较大，体长约六十五厘米。头很小，头上有由长短不一的羽毛组成的红褐色羽冠；身体背部有带白色条纹的棕色羽毛，尾羽和靠近尾部的后腹部羽毛呈土红色；前胸呈奶黄色，脸呈天蓝色。由于麝雉身体里散发出一种浓烈的霉味，因此才称作麝雉。喜欢栖息在经常遭遇洪涝的雨林中。主要以叶片、花、果实等为主，有时也吃小鱼、虾蟹。主要分布在南美洲的亚马逊河流域。麝雉是圭亚那的国鸟。

卡宴绿背冠雉（*Faisan verdâtre, de Cayenne*）

绿背冠雉，凤冠雉科。体型较大，体长约八十厘米。体羽呈深褐色，羽毛上点缀着乳白色的斑点，在阳光下隐约反射出墨绿的光泽；额头呈棕色；面颊呈白色；腹部呈红棕色；尾羽较长，呈黑色；尾羽末端呈白色；双脚呈灰色。喜欢栖息在热带或亚热带潮湿的森林低地处。主要分布在巴西、圭亚那、苏里南及委内瑞拉等地。

菲律宾特里斯坦鸫（*Merle solitaire, des Philippines*）

特里斯坦鸫，雀形目、鸫科。下身羽毛呈亮红色，同时掺杂着些许棕色；上身羽毛呈棕色；双翼有灰色的斑点；臀部以及尾部呈灰色；头部呈橄榄绿和黄色；尾翼、喙及双脚呈灰色。栖息在布有岩石的海岸线地带、草地、灌木、以蕨类植物或湿石楠为主的地区。以蚯蚓或一些其它的无脊椎动物为食，同样也食用腐肉、种子、其它鸟类的蛋等。分布在特里斯坦地区。特里斯坦鸫是英国在南大西洋海外领地特里斯坦～达库尼亚群岛所特有的物种。

卡晏翻石鹬（*Coulon~chaud, de Cayenne*）

翻石鹬，鹬科、翻石鹬属，因性喜翻石觅食而得名。体型中等，体长约二十三厘米，既矮又胖。头部及胸部的图案较为复杂，呈黑色、棕色及白色；腹部呈白色；喙、腿及脚均较短，腿和脚呈亮橘黄色。在飞行时，双翼上具醒目的黑白色图案。喜欢栖息于沿海泥滩、沙滩和海岸石岩，有时也在内陆或近海开阔处进食。主要通过在海滩上翻动石头及其他物体来找食甲壳类动物为生。产地在瑞典，分布在世界各地。

黑雁（*Le cravant*）

黑雁，黑雁属。体型中等，体长 56~61 厘米。体羽主要呈深灰色；头部、颈部、胸部呈黑褐色；背部和两翼呈灰褐色；颈部两侧有一条白色的横斑；尾巴呈黑褐色，尾巴上的覆羽呈白色；喙和双脚呈黑色。喜欢栖息在海湾、海港及河口等地，是典型的冷水性海洋鸟，能耐严寒。主要以青草或水生植物的嫩芽、叶、茎等为食，有时也吃根和植物种子。主要分布在北极圈以北、北冰洋沿岸及其附近岛屿。

1. 好望角高山金翅雀（*Verdier du cap de Bonne Espérance*）

高山金翅雀，燕雀科、金翅雀属。体型较小，体长约十四厘米。体羽主要由两种颜色组成：上体呈橄榄绿色，头部具有斑纹，从下颚到腹部呈黄色，脚和喙都呈粉红色。主要栖息于海拔 2000~4000 米的松林，以及农田及坡地灌丛中。以鸟类为食。主要分布在阿富汗、巴基斯坦、尼泊尔、不丹、锡金、印度、缅甸以及中国西藏等地，产地在喜马拉雅山脉。

2. 圣多明各欧金翅雀（*Verdier de ST Domingue*）

欧金翅雀，燕雀科、金翅雀属。体型较小，体长约十五厘米。体羽主要为绿色，头顶呈暗灰色，额部呈暗绿色，后颈、背部呈暗黄绿色，双翼和尾巴呈黄色，下体大致为草绿色或灰绿色。喙比较强壮。喜欢栖息在阔叶林中，主要以植物种子为食。主要分布在欧洲大部分国家、非洲北部，以及亚洲东南部。

1
2
Dessiné et Gravé par Martinet

卡晏黄巾黑鹂（*Carouge, de Cayenne*）

黄巾黑鹂，拟鹂科、栗顶黑鹂属。体型中等，体长 15~54 厘米。体羽主要呈黑色，头部及颈部呈醒目的黄色。其他部位都呈黄色。喙相对较长。双腿呈深棕色。雌鸟和雄鸟外貌差别较大，雄鸟体重是雌鸟体重的 60%。喜欢栖息在树上、灌丛中、地面、浮出水面的植被上，偶尔也栖息于悬崖上。主要以无脊椎动物、种籽、果实、花蜜和小型脊椎动物为食，觅食非常灵活。主要分布在南、北美洲。

卡宴发冠拟椋鸟（*Cassique huppé, de Cayenne*）

发冠拟椋鸟，拟鹂科、拟椋鸟属，是拟椋鸟的一种。体型中等，体长约十八厘米。成年雄鸟从头部直到下半身都呈黑色；尾部呈圆形，为黄色，喙比较厚实。头顶有冠状似的羽毛，所以称为发冠拟椋鸟。成年雌鸟与雄鸟长相类似，但雌鸟更小，无冠毛。以昆虫、水果为食。主要分布在南美洲的低地，从巴拿马到哥伦比亚南部一直到阿根廷北部，以及特立尼达岛等地，是委内瑞拉玻利瓦尔共和国的国鸟。

1. 加拿大红冠啄木鸟（*Pic du Canada*）

红冠啄木鸟，啄木鸟科。体型中等，体长约二十二厘米。黑冠与白色脸颊形成鲜明对比；背部和翅膀呈黑色，上面布满了污白色的斑点；下体通常呈污白色。头较大，颈较长；嘴强硬而直，呈凿形；舌长且能伸缩。脚稍短，呈黑色。尾巴呈楔状，羽干坚硬富有弹性。栖息于海拔1500米以下的低山，主要生活在松树林中，也出现于林缘和疏林。以隐藏在树干内部蛀食的天牛、透翅蛾、吉丁虫等害虫为食，被称为“森林医生”。主要分布在北美的松树林中。

2. 塞内加尔花腹绿啄木鸟（*Petit pic, du Sénégal*）

花腹绿啄木鸟，体型中等，体长约三十厘米。雄鸟顶冠为红色，雌鸟的为黑色。背部呈绿色，腰部呈黄色，尾巴呈黑色，飞羽呈黑色且具白色条纹，喉部呈黄色，胸部呈黄色且具明显的绿色羽缘花纹，具有黑色的过眼纹及颊纹杂白，两颊呈蓝灰色，喙呈黑色，双脚呈浅绿色。喜欢栖息于开阔林地和人工林等地。习惯在地面、倒木或竹林寻找和食用食物，主要以虫类为食。主要分布在孟加拉、东南亚至苏门答腊及爪哇等地。

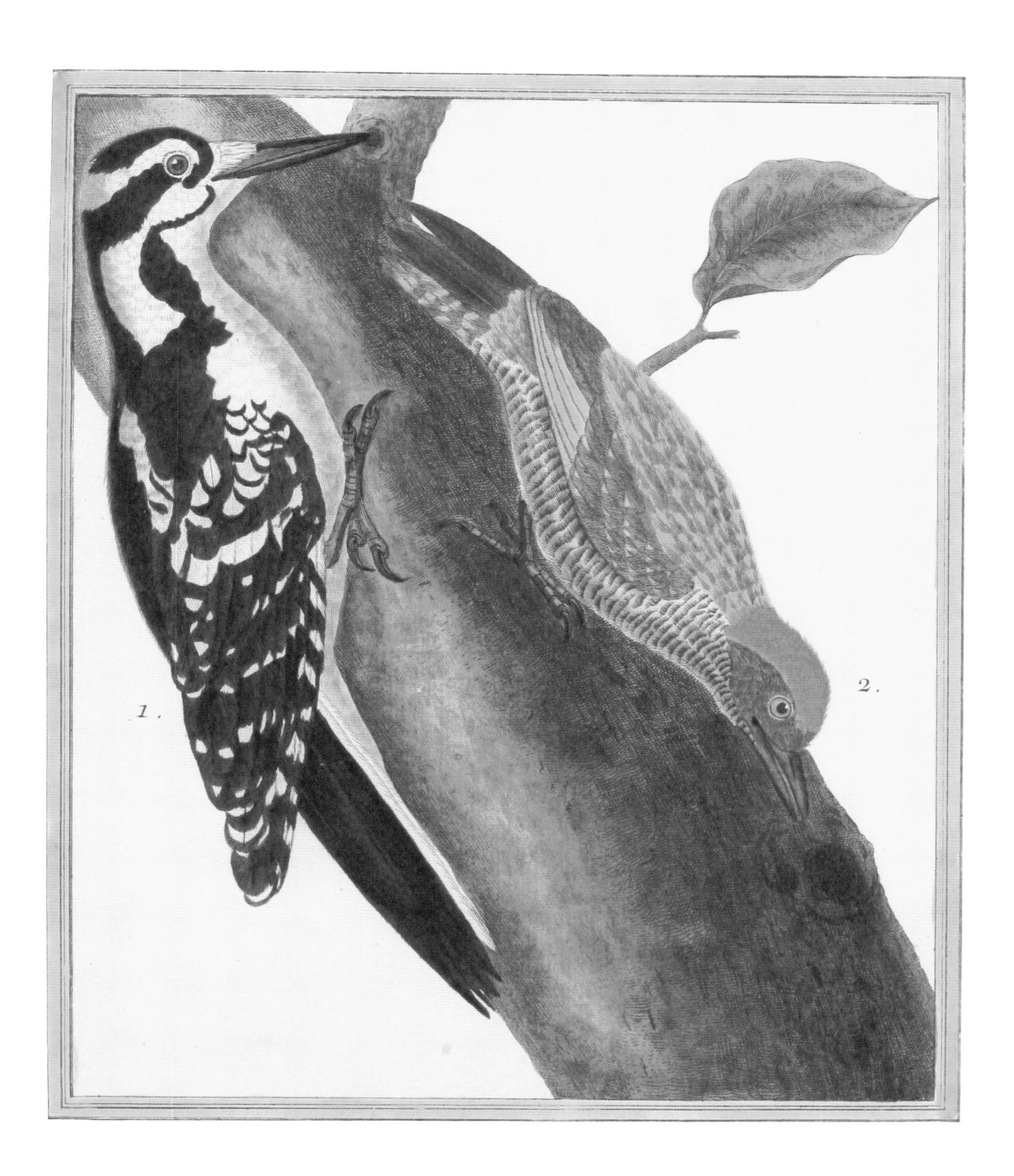
1.
2.

加拿大黑雁（*Oye, de Canada*）

加拿大黑雁，雁形目、鸭科、黑雁属。体型较大，体长90~100厘米，是世界上最大的雁形目物种。身体呈灰色；头部、颈部呈黑色；咽喉延至喉间具明显的白色横斑；尾巴较短，呈黑色；尾上覆羽呈白色；下腹部和尾下覆羽呈白色。典型的冷水性海洋鸟，耐严寒，喜栖于海湾、海港及河口等地。主要以青草或水生植物的嫩芽、叶、茎等为食，也吃根和植物种子，冬季有时还吃麦苗等农作物的幼苗。主要分布在北美洲，是加拿大的国鸟。

几内亚鸿雁（*Oye, de Guinée*）

鸿雁，鸭科、雁属。体型较大，体长约九十厘米。身体呈浅灰褐色，嘴呈黑色，头顶到后颈呈暗棕褐色，前颈接近白色。主要栖息于开阔平原和平原草地上的湖泊、水塘、河流、沼泽及其附近地区。以各种草本植物的叶、芽，以及陆生植物和水生植物、芦苇、藻类等植物性食物为食，也吃少量甲壳类和软体动物等动物性食物。主要分布在中国、西伯利亚南部、中亚等地，在朝鲜半岛和日本越冬。

马洪白翅黄池鹭，成鸟 （*Héron huppé, de Mahon*）

白翅黄池鹭，鹭科、池鹭属。体型中等，体长 44~47 厘米。成鸟的颜色一般是棕色或浅棕色。腿呈橙色。雌雄同体。喙四季呈灰蓝色，在繁殖期呈绿松色。喜欢栖息于河口三角洲、森林、沼泽地、水生植被区、池塘、沟渠、稻田和湖泊等地。主要以青蛙为食，也吃昆虫或鱼类。主要分布在亚欧大陆、非洲北部及印度洋的部分岛屿。

卡晏小蓝鹭（*Héron bleuâtre, de Cayenne*）

小蓝鹭，鹭科、白鹭属。体型中等，体长 95~105 厘米。头部羽毛呈蓝色，颈部呈棕紫色。身体的其余部分一律暗灰蓝色。嘴向下稍微弯曲，嘴基较大，为深灰色。喙基处和眼睛周围有裸露的灰绿色皮肤。主要栖息于内陆湿地、浅水沼泽、池塘、湖泊、水田和稻田。主要是以水生节肢动物为食，也吃小鱼、甲虫、蟋蟀、蚱蜢和蜘蛛等。主要分布在北美洲、中美洲与南美洲等地。

卡宴白腹鹭（*Héron bleuâtre à ventre blanc, de Cayenne*）

白腹鹭，鹭科、鹤属。体型较大，高达 127 厘米。整体呈灰色，有几根灰色及白色的丝状羽由顶冠而出；腹部及颈下方的长饰羽均为白色。头顶通常裸露，嘴强直，鼻孔呈裂状。喙长而尖直。双脚呈灰色。双翼大且长。栖息于低海拔的河流，以及热带、亚热带森林沼泽区和池塘等地。以水种生物为食，包括鱼、虾、蛙及昆虫等。主要分布在不丹、印度及缅甸。

1. 红尾鸲，雄鸟（*Rossignol de muraille, mâle*）
2. 红尾鸲，雌鸟（*Sa femelle*）

红尾鸲是旧大陆雀形目鸟类的通称。体型中等，体长14~16厘米。喙短健。具明显而宽大的白色翼斑。雄鸟的毛色非常丰富，有红色、蓝色、白色、黑色等各种鲜艳的颜色。雌鸟的体羽呈浅褐色，尾巴呈红色，白色翼斑较为显著，眼圈及尾皮黄色似雄鸟，但色彩较黯淡，臀部有时为棕色。主要栖息于山地、森林、河谷、林缘和居民点附近的灌木丛与低矮树丛中，尤以居民点和附近的丛林、花园、地边树丛中较常见。以昆虫为食。广泛分布在亚洲、欧洲南部和非洲北部。中国见于东北、华北、西北、西南、华南等地区。

卡晏灰颈林秧鸡（*Poule d'eau, de Cayenne*）

灰颈林秧鸡，秧鸡科、林秧鸡属。体型中等，体长约四十八厘米。头部和颈部呈棕灰色；上身呈深橄榄色；腿上部、尾巴以及腹部的羽毛都呈棕黑色；下身的其他部位以及箭羽呈鲜红色。额头也覆盖着羽毛。喙呈黄绿色，双脚呈红色。幼鸟的羽毛呈灰色，直至成年，它们的羽毛才会变成红色。栖息在圭亚那的沼泽地或圭亚那城市中的路边沟里。主要以小的鱼类或者水生动物为食。主要分布在中美洲和南美洲地区。

反嘴鹬（*L'Avocette*）

反嘴鹬，反嘴鹬科、反嘴鹬属。体长38~45厘米，腿特别长。背部有明显的黑色和白色标志。颈部、背部、腰部、尾上覆羽和整个下体呈白色，喙呈黑色，脚呈蓝灰色。主要栖息在湿地和靠近海湾的碱性湖里。以水里的昆虫、小鱼、贝类和两栖动物为食。主要分布在欧洲、中东、中亚、塔吉克斯坦、阿富汗、西西伯利亚南部和外贝加尔湖地区，以及中国各省。

黑薮鸲 （*Merle du sénégal, appellé podobé*）

黑薮鸲，雀形目、鹟科。喙为灰色；翅膀和双脚呈红色，翅膀比较短；尾巴很长，一层一层的。除了尾巴边缘部以及内部还点缀着白色；其他部位都呈黑色。主要栖息于干燥的草原。分布在非洲中南部地区，包括阿拉伯半岛的南部、撒哈拉沙漠（北回归线）以南的整个非洲大陆，以及欧亚大陆及非洲北部。

圭亚那蓝尾八色鸫（*Merle de la Guyane*）

蓝尾八色鸫，色鸫科、八色鸫属。体型较小，体长 17~20 厘米。通体色彩丰富，有红、绿、蓝、白、黑、黄、褐、栗等，俗名八色。但其全身不止有八种颜色。头部前额至枕部为深栗褐色，背部为亮油绿色，翅膀、腰部和尾羽为亮粉蓝色，下体呈淡茶黄色，腹部中央至尾下覆羽都是猩红色。栖息地包括种植园、亚热带或热带的湿润低地林。主要分布在文莱、泰国、印度尼西亚和马来西亚。

塞内加尔冠翠鸟 （*Martins~pêcheurs, du Sénégal*）

冠翠鸟，翠鸟科、翠鸟属。体型比较小，体长约十三厘米。成鸟上身的颜色通常为亮金属蓝色；头部有一块比较短的黑色和蓝色的羽毛，可以竖起成冠状，这就是它名字的由来；喉部和颈部有白色的斑块；腿呈鲜艳的红色。栖息于灌木丛或湖泊、池塘旁边，有时也栖息于海岸的岩石上。以小的鱼类为食。广泛分布在撒哈拉以南的非洲，比如安哥拉、贝宁、塞内加尔等地。

卡宴黑剪嘴鸥（*Le bec~en~ciseaux, de Cayenne*）

黑剪嘴鸥，属于鸥科剪嘴鸥族。体长 40~50 厘米。鸟喙的上半部分为红色，其他部分为黑色，下喙比上喙长。下颌骨非常细长，眼睛有黑棕色的虹膜和垂直的瞳孔，瞳孔和猫的瞳孔相似。从头顶至尾翼的羽毛均呈黑色，腹部羽毛呈白色。常栖息于河边的浅滩，以小鱼、昆虫或软体动物为食。黑剪嘴鸥是剪嘴鸥中分布跨纬度最大的一种，可进入温带水域，北至美国东部，南至南美洲最南部。

塞内加尔红腹鸫（*Merle à ventre orangé, du Sénégal*）

布封把它称之为塞内加尔红腹鸫。体型要比一般的乌鸫小，体长约二十二厘米。身体表面主要由两种颜色的羽毛构成：头部、喉部、两翼、尾巴呈深绿色，尾巴上的颜色要比其他部位的颜色浅一些；身体的其他部位，从喉部开始，一直到腹部，都呈亮橙色。除此之外，它的两翼外侧还衬有白色；喙和腿为灰色。

加那利翅斑鹦哥（*Petite perruche verte, de Cayenne*）

加那利翅斑鹦哥，鹦鹉科、翅斑鹦哥属。体长约二十二厘米。身体主要颜色是绿色，在翅膀后面有一处黄色的边缘。在它飞行的时候，可以看到白色的斑点。喙为黄棕色。栖息于附近有水源的森林、草原、季节性淹没的森林处，以及郊区、公园和花园等地。以果实和种子为食。主要分布在巴西、哥伦比亚、厄瓜多尔、圭亚那、秘鲁、苏里南等地。

青绿顶亚马逊鹦鹉（*Perroquet, de la Havane*）

青绿顶亚马逊鹦鹉，鹦鹉科、亚马逊鹦鹉属。体长约四十厘米。喙呈灰黑色，双脚呈灰色。前额、喉部及颈部前面呈紫蓝色，同时周围绕着一圈亮蓝色的羽毛。头部和颈部其他的羽毛以及身体表面的羽毛都呈亮丽的绿色，在胸前有一大块红斑。腹部的羽毛呈绿色。双翼的颜色比较鲜艳，尾翼呈鲜绿色。栖息于森林、棕榈树林、开阔的平原以及林地、农耕区等地。以水果、浆果、种子、坚果、花朵以及植物嫩芽等为食。主要分布在巴西、玻利维亚、巴拉圭和阿根廷等地。

塞内加尔黑喉肉垂麦鸡（*Vanneau armé, du Sénégal*）

黑喉肉垂麦鸡，鸻科、麦鸡属，是一种大型涉禽鸻。身体呈棕色；前额呈白色；面部有黄色的条纹；尾巴呈白色，上面布有倾斜的黑色条纹；腿很长，呈黄色。通常栖息于潮湿的低地中，以昆虫和一些无脊椎动物为食。主要分布在非洲中南部地区，包括阿拉伯半岛的南部、撒哈拉沙漠（北回归线）以南的整个非洲大陆。

1. 欧亚歌鸲（*La gorge~rouge*）

欧亚歌鸲，雀形目、歌鸲属。体型中等，体长约十六厘米。上身体羽呈灰褐色，喉部至胸前部呈棕褐色，腹部呈白色，尾巴呈棕褐色，喙和双脚呈灰色。栖息于河谷、河漫滩稀疏的落叶林和混交林、灌木丛或园圃间，常隐匿于矮灌丛或树木的低枝间。主要以浆果、蜘蛛或小型昆虫为食。欧亚歌鸲是一种旅鸟，在欧洲和亚洲西南部的森林繁殖，冬季主要分布在撒哈拉南部地区。

2. 蓝喉歌鸲（*La gorge~bleue*）

蓝喉歌鸲，雀形目、鹟科、歌鸲属。中等体型，体长 12~13 厘米。头部和上体呈土褐色，眉纹呈白色，尾部呈深褐色。雄鸟和雌鸟外貌有所差别：雄鸟的喉部布有栗色、蓝色及黑白色图纹；雌鸟的喉部呈白色，但无橘黄色及蓝色斑纹。喜欢栖息于灌木丛或芦苇丛中。主要以昆虫、蠕虫等为食，也吃植物种子等。分布在我国大部分地区，以及欧洲、非洲北部、俄罗斯、阿拉斯加西部、亚洲中部、伊朗、印度和亚洲东南部等地。

2.
1.

1. 云雀（*L'alouette*）

云雀，百灵科、云雀属。体型较小，体长 15~20 厘米。背部呈花褐色和浅黄色，胸腹部呈白色至深棕色。外尾羽呈白色，尾巴呈棕色。后脑勺具有羽冠。眉纹呈白色或棕白色，颊和耳羽呈淡棕色，并布满黑色细纹。尾巴呈棕色。常栖息于开阔的干湿平原、草地、低山平地等地。以植物性食物为食，也吃昆虫等动物性食物，属杂食性。分布在世界各地。

2. 白翅百灵（*La calandre*）

白翅百灵，百灵科、百灵属，是一种小型而翼长的鸣禽。下翼呈白色，肩部呈棕色。喙粗厚、略短。栖息于温带草原、亚热带或热带的干草原或耕地。以草籽、嫩芽等为食，也捕食一些昆虫，如蚱蜢、蝗虫等。主要分布在欧亚大陆及非洲北部，在中国也有分布，是一种全面迁徙的候鸟。

1.
2.

1. 莫桑比克黄额丝雀，雄鸟（*Serin, de Mozambique mâle*）
1. 莫桑比克黄额丝雀，雌鸟（*Sa femelle*）

黄额丝雀，俗称金青、石燕、大金黄等，雀形目、燕雀科。体长 11~13 厘米。原产于撒哈拉沙漠以南的非洲地区。成年雄鸟的背部呈绿色；双翼和尾部呈棕色；头部呈黄色，颧骨有黑色的条纹。雌鸟与雄鸟相似，但是头部和下身的颜色较浅。它们常栖息于开阔的林地和种植园。由于世界性鸟类贸易的盛行而被引入毛里求斯、波多黎各、留尼汪、塞舌尔和美国等地。

红腹滨鹬，夏季（*Maubèche tachetée*）

红腹滨鹬，鹬科、滨鹬属。体长约 23~26 厘米。腿低矮且短，嘴厚且色深。夏季的红腹滨鹬头顶至后颈呈锈棕红色，缀有白色，头侧和整个下体呈栗红色。下腹中央和尾下覆羽为白色且有栗红色。尾呈灰褐色，具窄的白色端缘。栖息于环北极海岸和沿海岛屿及其冻原地带的山地、丘陵和冻原草甸。以各种节肢动物的幼虫、软体动物或各种无脊椎动物为食。繁殖于北极和近北极地区，在冬季会少量出现在中国台湾。

红腹滨鹬，冬季（*Maubèche grise*）

冬季的红腹滨鹬，冬羽棕栗色消失。头顶、后颈、背和肩呈淡灰褐色，具细的黑色条纹和亚端黑斑与白色羽缘；腰和尾上覆羽呈白色，具黑色横斑；下体为白色。

大海雀（*Le grand pingouin, des Mers du Nord*）

大海雀，海雀科、大海雀属。体高 75~85 厘米，外表与企鹅很像。背部呈黑色，腹部呈白色。喙呈黑色且重，表面上有凹槽，适合捕鱼。脚趾为黑色。曾主要栖息于北大西洋海域，最喜欢猎鱼，也吃甲壳动物。虽然在水里敏捷，游泳速度很快，但在陆地上却比较笨拙。主要分布在大西洋地区，范围南至西班牙北部，北达加拿大、格陵兰岛、冰岛、法罗群岛、挪威、爱尔兰和英国。但已于 19 世纪灭绝。

卡晏灰颈林秧鸡（*Râle, de Cayenne*）

灰颈林秧鸡，秧鸡科、林秧鸡属。体长约三十八厘米。身体背部呈现出从橄榄绿色到深褐色的变化；头部和颈部呈中灰色，并且头部后面有褐色斑块；眼睛呈红色；胸部呈棕色；腹部、臀部和尾巴均呈黑色；腿呈珊瑚红色。栖息于亚热带或热带潮湿的低地森林、亚热带或热带红树林、亚热带或热带沼泽地。主要分布在中美洲。

阿森松岛白尾鹲（*Paille en queue blanc, de l' île de l'Ascension*）

白尾鹲，鹲科、鹲属，是一种热带鸟。包括它长长的白色中央尾羽在内，其体长71~80厘米。身体的主要颜色为白色，具黑色眉纹、黑色翼尖，翼上有两道黑色斜纹。主要以各种鱼类或海洋生物为食。主要分布在热带、亚热带的大西洋、印度洋及太平洋海域，常年在海上生活。在中国仅见于台湾地区，数量非常稀少。在英国，长尾鸟是“坏天气”的代名词，而它本身也被视作一种不祥之兆。

巴西蓝顶翠鴗（*Momot, du Brésil*）

蓝顶翠鴗，翠鴗科、翠鴗属。身长38~48厘米。身体下部呈绿色或红褐色。尾巴很长，成球拍状，这是它的显著特征。喙长且宽，且有锯齿。栖息在热带雨林、次生林及森林边缘、成荫的花园和阴凉的咖啡农场。以各种无脊椎动物及小型脊椎动物为食，也会定期吃水果。主要分布在中美洲和南美洲，比如阿根廷、巴西、哥伦比亚、圭亚那、委内瑞拉等地。

绿啄木鸟（*Le pic verd*）

绿啄木鸟，鴷形目、啄木鸟科，是所有啄木鸟中最常见、最普通的一种。体长 30~36 厘米，翼展 45~51 厘米。雄鸟头顶有红斑，雌鸟没有。绿啄木鸟落到地上的时候比别的啄木鸟要多些，特别是在蚁巢附近。

1. 红翅旋壁雀，雄鸟（*Grimpereau de muraille mâle*）
2. 红翅旋壁雀，雌鸟（*Sa femelle*）

红翅旋壁雀，雀形目、鳾科。体型较小，体长 15.5~17 厘米。羽毛主要是蓝灰色，有较深的飞行羽和尾羽。最醒目的羽毛标志是双翼具有绯红色的斑纹。尾巴较短。繁殖期，雄鸟脸和喉呈黑色，而雌鸟黑色较少。栖息于悬崖和陡坡壁上，或亚热带常绿阔叶林和针阔混交林带中的山坡壁上。分布在欧洲、西南亚地区，以及中国大陆的新疆、西藏、青海、甘肃等省。

卡晏白颈蓝鸦（*Geai de Cayenne*）

白颈蓝鸦，鸦科、蓝鸦属，平均体重约一百八十三克。身体主要由三种颜色的羽毛构成：喙，额头的前半边、脸部一直到颈部，双翼，双腿均呈黑色；尾羽呈浅灰色，其边缘呈白色；额头顶部到双翼之间，以及腹部均呈白色。主要栖息于亚热带或热带的干燥疏灌丛、亚热带或热带的湿润低地林、干燥的稀树草原、亚热带或热带严重退化的前森林、乡村花园和城市。主要分布在巴西、圭亚那、苏里南和委内瑞拉等地。

马达加斯加白头钩嘴鵙（*Grande pie~grièche verdâtre, de Madagascar*）

白头钩嘴鵙，钩嘴鵙科、白头钩嘴鵙属。雌鸟和雄鸟在外貌上有明显的差别：雄鸟的头呈白色，也就是这种鸟的名称的由来；雌鸟的头呈灰色，并且下巴和喉部更加明显。主要栖息于亚热带或热带干燥的森林里、潮湿的低地森林里，以及潮湿的山地森林里。主要以昆虫、蜘蛛、毛虫及一些小的软体动物和雏鸟为食。它是马达加斯加特有的物种。

塞内加尔黑头织雀，雄鸟（*Troupiale mâle, du Sénégal*）

黑头织雀，织布鸟科、织雀属。体型很小，体长 15~18 厘米。雄鸟的羽毛呈鲜艳的黄色，头部发暗，喙呈黑色，上身羽毛呈灰色，下身羽毛呈白色，双翼呈黄色和黑色，眼睛呈红色。通常栖息于比较开阔的地方，比如林地和人类居住的地方。主要以种子和粮食为食，同时也捕食害虫。主要分布在撒哈拉沙漠南部地区。同时，它也被引进到毛里求斯和留尼汪岛。在马提尼克岛的北部也可以看到它的身影。

塞内加尔黑头织雀，雌鸟（*Troupiale femelle, du Sénégal*）

雌鸟和雄鸟的差异主要体现在通体的色彩上。雌鸟的羽毛没有雄鸟的那么鲜艳，而是呈黄绿色，双翼呈黄色和黑色，上身呈橄榄色，下身呈暗黄色，喙呈亮棕色。

卡宴黑尾蒂泰霸鹟（*Pie~grièche tachetée, de Cayenne*）

黑尾蒂泰霸鹟，雀形目、霸鹟科。体长约二十六厘米。雄鸟的头部、双翼的箭羽，以及尾巴都呈黑色；颈部以上、背部、臀部、身体的下部，以及双翼都呈亮灰色；喙前端呈红色；尾端呈黑色；双脚呈灰白色，脚趾呈黑色。多栖息在森林和草地，在热带低地及山区的常绿森林分布得更为广泛。主要以昆虫为食，有时也吃生果或小型的脊椎动物。主要分布在南美洲，在圭亚那很常见。

卡宴红伞鸟（*Cotinga rouge, de Cayenne*）

卡宴红伞鸟，伞鸟科、红伞鸟属。体长约十九厘米。红色是这种鸟的主色，但是不同的部位颜色有差别。头部的红色最为鲜艳明亮，形成了王冠的形状。另外，它的腹部、腿部、整个下半身，一直到尾翼都是这种鲜艳的红色；双翼边缘呈黑色；两颊、颈部、背部及双翼均呈暗红色。主要栖息在南美洲北部和中部的热带雨林地带，如圭亚那、苏里南等地。

埃及雁（*Oye, d'Egypte*）

埃及雁，俗名秃雁，为鸭科、埃及雁属的唯一现生种。该物种的模式产地在埃及，在古埃及被视作神圣的标志。体长63~73厘米。羽毛大体上呈棕红色，在靠近眼睛的地方有明显的栗色斑点，两翼边缘呈黑色。雌鸟与雄鸟差别不大。主要以青草或谷物为食。栖息于湖边或河边，在水边或农田处觅食。主要分布在撒哈拉以南的非洲，以及尼罗河河谷地带。

维吉尼亚扇尾雀（*Gros~bec, appellés queue en éventail, de Virginie*）

维吉尼亚扇尾雀，雀形目。体型较小。头部呈暗棕色；颈部及上身呈棕红色；腹部呈白色；两翼呈深棕色，并布有条纹；尾部呈黑色，打开时呈扇状；喙和双脚呈浅灰色。喜欢栖息于灌木、丛林和长有红树的浅沼，主要以鸟类或小的昆虫为食。主要分布在美国的弗吉尼亚州。

卡宴紫喉果伞鸟（*Gobe~mouche noir à gorge pourpre, de Cayenne*）

紫喉果伞鸟，伞鸟科、紫喉果伞鸟属。羽毛的主要颜色为黑色。雄鸟的喉部有一处大的紫红色斑点，一直延伸到颈边。眼睛呈黑色，双腿呈灰色。喜欢栖息于亚热带或热带潮湿的森林低地，以昆虫和水果为食。主要分布在尼加拉瓜至亚马逊一带，比如圭亚那东部、玻利维亚南部、秘鲁西部、哥斯达黎加和巴拿马等地。

南非企鹅（*Le manchot, du Cap de Bonne~Espérance*）

南非企鹅，企鹅科、环企鹅属。体长约七十厘米。背部呈黑色；腹部呈白色，同时点缀着一条黑色的横纹和几个黑点；头部呈黑色，掺杂着一条白色的横纹；双脚呈黑色；当气温很低时，眼睛下面没有羽毛覆盖的部位就会变成红色。喜欢栖息在海边，主要以各种鱼类、软体动物和甲壳动物等为食，饮用海水。主要分布在非洲南部的南非和纳米比亚沿岸海域及其附近岛屿。

巴西大绿金刚鹦鹉（*L'ara verd, du Brésil*）

大绿金刚鹦鹉，属于金刚鹦鹉族。体型较大，体长85~90厘米。身体大部分颜色为黄绿色；前额有一小片红色的羽毛；脸部无羽毛，裸皮呈浅红色；主要覆羽为蓝色；尾巴极长，尾部边缘呈浅蓝色；喙呈黑色，尖端的部分颜色比较浅；虹膜为浅黄色。主要栖息在潮湿的森林低地、季节性干燥的地区，很少在比较高的地方活动。以果实和花朵为食。主要分布在哥伦比亚、哥斯达黎加、厄瓜多尔、洪都拉斯、尼加拉瓜和巴拿马等地。

圭亚那蓝头鹦哥（*Perroquet à tête bleue, de la Guiane*）

蓝头鹦哥，派翁尼斯鹦鹉属。体型中等，体长 24~28 厘米。从头部到胸部的上半身呈亮蓝色；下半身黄色和绿色相间；尾部有鲜明的红色；喙呈黑色，喙的根部有一块红斑；双腿呈灰色。栖息在热带雨林、草原、落叶林及一些亚热带的农作物区、农场等低地。主要以种子、水果、蔬菜为食，是素食动物。主要分布在南美洲，如巴西、哥伦比亚、圭亚那、巴拿马、秘鲁、苏里南、特里尼达、多巴哥和委内瑞拉等地。

大雕鸮（*Hibou, des Terres Magellaniques*）

大雕鸮，属鸟纲鸱鸮科。体长 29~40 厘米。大雕鸮的耳边绒毛很大，面部呈红色、褐色或灰色，喉咙部位有一片白色羽毛。虹膜呈黄色，喙呈钩形。下身颜色较浅，带有褐色斑纹。脚上至爪前都长有羽毛。两性差别不大。有时会根据地域的不同，有所差异。栖息于落叶林、针叶林、混交林、热带雨林、山区等地，以一些细小至中等的哺乳动物为食。主要分布在北美洲的亚北区经中美洲及南美洲南至火地群岛。

1. 墨西哥黄鹀（*Brunant, du Méxique*）

墨西哥黄鹀，鹀科、鹀属。体形要比鹀科的鸟类大。头部、喉部及其两侧都呈橘黄色；身体上半身呈棕色，下半身呈白色，上面布满了棕色斑点；双翼和尾巴都呈棕色。主要栖息在树木和灌木丛中。以昆虫和昆虫幼虫为食，也吃部分小型无脊椎动物，以及草子、种子和果实等植物性食物。主要分布在南美洲，比如墨西哥。

2. 南非岩鹀（*Bruant, du Cap de Bonne~Espérance*）

南非岩鹀，鹀科、鹀属。体型较小，体长约十六厘米。成鸟有黑色的冠、白色的眉纹和黑边的白色耳羽。上身呈棕灰色，身上布有黑色的条纹；下身呈灰色；喉部呈苍白色；尾巴呈深栗色。栖息于岩石坡或干杂草丛，以种子、昆虫为食。主要分布在非洲南部的大部分地区，从安哥拉西部、赞比亚东部、津巴布韦、坦桑尼亚南部一直到好望角。

2.
1.

三趾鸥（*La mouette cendrée tachetée*）

三趾鸥，鸥科、三趾鸥属。体型中等，体长 38~47 厘米。夏羽头部和颈部都呈白色；背部、双翼覆羽及腰部呈灰色；羽毛边缘和尖端部呈白色。冬羽和夏羽基本相似，但头顶呈淡灰色，并有暗淡的灰色纵纹。栖息于北极海洋岸边和岛屿上，以小鱼为食。有时也吃甲壳类和软体动物。主要分布在欧洲西北部北冰洋巴伦支海海岸，越冬主要分布在繁殖地南部沿海，比如美国、西非、中欧，以及中国辽宁、河北等东部沿海地区。

1. 加罗林刺歌雀，雄鸟 (*Ortolan, de la Caroline*)
2. 路易斯安那刺歌雀，雌鸟 (*Ortolan, de la Louisiane*)

刺歌雀，雀形目、拟黄鹂科。体型较小，体长约 16~18 厘米。雄鸟和雌鸟外貌差别较大。成年雄鸟的主要颜色为黑色，颈部呈奶油色，肩部呈白色，翅上有白块斑。成年雌鸟的主要颜色为浅棕色，头部有黑色的条纹，双翼和尾巴要更黑。冬季雄鸟亦为浅棕色，与雌鸟相似。栖息于开阔的草地上，主要以谷物、稻粒或昆虫为食，因此，也被称为“稻雀”。刺歌雀是一种旅鸟，会随季节的变化而迁徙。夏季主要分布在北美地区，冬季多迁徙到南美洲。在北美北部繁殖，多在南美中部越冬。

埃及黄嘴鹮鹳（*L'ibis blanc, d'Egypte*）

黄嘴鹮鹳，鹳形目、鹳科。体型中等，体高 90~150 厘米。身体呈白色；尾巴呈黑色，较短；面部和前额没有羽毛覆盖，皮肤呈红色；喙呈黄色，较长；双腿很长，呈红棕色。雄鸟和雌鸟在外貌上差别不大。但是相比之下，雄鸟的身体更长。喜欢栖息于河流、湖泊及滩涂地域。以鱼、蛙、爬行动物、甲壳类及昆虫等为食，偶食水生植物。主要分布在非洲大陆和马达加斯加岛。

好望角赤胸杜鹃（*Coucou, du Cap de Bonne~Espérance*）

赤胸杜鹃，杜鹃科、杜鹃属。体型中等，体长为28~30厘米。下身呈棕绿色；喉部、脸颊、颈部前端及双翼表层的羽毛呈深红色。尾羽呈浅红色，尾羽边缘呈白色；胸部及下半身的其他部位羽毛的底色为白色，上面点缀着黑色的条纹；虹膜呈黄色；喙呈深棕色；双脚呈棕红色。喜欢栖息于树林里，以虫类为食。主要分布在撒哈拉以南的非洲，包括贝宁、喀麦隆、刚果、赞比亚、南非等地。

1. 卡宴冠莺（*Figuier*hupé, de Cayenne*）

卡宴冠莺，森莺科、橙尾鸲莺属，是一种小型鸣禽。下身呈灰色，其中相间着白色；上身呈棕色，点缀着绿色；鸟冠由小的圆形羽毛组成，鸟冠呈流苏状半立着，分布在眼睛周围和鸟喙根部，鸟冠底部的羽毛呈棕红色。它的喙和双脚都呈棕黄色。主要栖息在森林、灌丛和沼泽地，以昆虫为食。主要分布在南美洲，在圭亚那，全年都可以发现这种鸟。

2. 卡晏橙尾鸲莺（*Figuier* noir et jaune, de Cayenne*）

橙尾鸲莺，森莺科、橙尾鸲莺属。上身羽毛呈黑色；腹部羽毛呈白色，同时点缀着少许黑色的斑点；两侧的羽毛呈黄色；喙和双脚呈黑色。栖息于开阔的林地，比如落叶阔叶林、次生林等，以虫为食。主要分布在北美地区，比如美国、加拿大等地；中美洲，比如洪都拉斯、哥斯达黎加、巴拿马、巴哈马、古巴等地；南美洲，比如哥伦比亚、委内瑞拉、圭亚那等地。

*Fichier 一词是布封命名雀形目中一些鸟类的总称，但是当代的鸟类学家都认为这种分类方法并不恰当。

1.
2.

好望角黑顶鹟䴗（*Merle à tête noir, du Cap de Bonne~Espérance*）

黑顶鹟䴗，鹟䴗科、黑顶鹟䴗属。体型较小，体长约二十二厘米。成鸟的头部和肩膀呈亮黑色，臀部呈橄榄褐色，双翼呈亮黑色，尾羽黑白相间，喙呈黑色，腿呈绿色，眼睛呈亮黄色，腹部呈白色。栖息于潮湿的地方，比如沼泽地等。以昆虫为食，有时也吃水果。主要分布在中美洲，如尼加拉瓜、哥斯达黎加、巴拿马、古巴、海地、多米尼加等地；南美洲，如哥伦比亚、委内瑞拉、圭亚那、秘鲁、玻利维亚、巴拉圭、巴西等地。

斑鸠（*La tourterelle*）

斑鸠，鸠鸽科、斑鸠属。体长约二十八厘米。上体羽以褐色为主；额部和头顶呈灰色或蓝灰色，上背呈褐色，下背至腰部为蓝灰色；尾端呈蓝灰色，中央尾羽为褐色；下体为红褐色。栖息于山地、山麓或平原的林区。以谷物、果实为食，有时也吃昆虫的幼虫。主要分布在旧大陆的温带和热带地区。在加利福尼亚州和佛罗里达州有新大陆野生种群。分布在非洲、欧洲和亚洲，几乎遍及中国各省地区。

1. 维吉尼亚灰食籽雀（*Gros~Bec de Virginie*）

灰食籽雀，裸鼻雀科、食籽雀属。喙较为粗短，呈圆锥形，上、下喙边缘不紧密切合而微向内弯。成年雄鸟羽毛鲜明，雌鸟和幼鸟羽毛相同。体羽大多似麻雀，外侧尾羽有较多的白色。栖息于热带和亚热带的湿地或潮湿的低地及退化的森林地带，以植物种子为主食。种类较多，主要分布在巴西、哥伦比亚、圭亚那及委内瑞拉等地。

2. 印度黑喉织布鸟（*Gros~Bec, des Indes*）

黑喉织布鸟，雀形目、麻雀科。体长约十四厘米。头部前上端有一块漂亮的黄色斑痕；上身呈棕色，两翼末端的羽毛呈灰色。胸部有一块棕色的斑痕；头部两边及喉部呈白色，喙呈红色；脚呈黄色。雌鸟头部与背部的颜色相似。栖于芦苇沼泽、多草平原及稻田。主要分布在印度次大陆的北部及东北部。

3. 斑翅食籽雀（*Gros~Bec, appellé la nonette*）

斑翅食籽雀，食籽雀属。体长约十一厘米。上身呈蓝绿色，鬓角呈黑色，双翼掺杂着黄色；下身、尾部及颈部呈红白色；胸部有一条呈带状的黑色斑痕；鸟喙呈黑色，比较短粗，为圆锥形；双脚呈棕色。栖息在光线充足的林地和灌木丛中，一般以植物种子为食。分布在巴西、圭亚那、苏里南、特立尼达、多巴哥和委内瑞拉等地。

1.
3.
2.

卡宴领蓬头䴕（*Barbu à collier, de Cayenne*）

领蓬头䴕，蓬头科、蓬头䴕属。体长约二十一厘米。上身的羽毛为深红色，上面布有狭窄的黑色细纹；背的顶部有一条浅黄褐色的条纹，一直延伸到胸部；胸前有一块大的黑色羽毛，呈颈圈状；喉部和颈前部呈淡白色；其他部位的羽毛呈深红色；双脚呈灰色；喙呈暗黑色。喜欢坐等猎物。主要分布在南美洲北部的亚马逊河盆地、哥伦比亚和委内瑞拉南部，以及圭亚那等地。

1. 加罗林东蓝鸲，雄鸟（*La Gorge~rouge , de la Caroline*）
2. 加罗林东蓝鸲，雌鸟（*Sa femelle*）

东蓝鸲，雀形目、鸫科、蓝鸲属。体长16~21厘米。雄鸟和雌鸟在外貌上有些差异。雄鸟颜色艳丽，头部、背部、尾巴和翅膀都呈蓝色，从喉部至胸部是鲜明的红棕色，腹部呈雪白色。雌鸟的翅膀和尾巴呈浅蓝色，脖子和胸脯呈棕色，头冠和背脊呈灰色，肚子呈白色。栖息于树林、果园、公园等比较开阔的地方。以昆虫和小型无脊椎动物为食，比如说，毛虫、蜘蛛、蚯蚓、鼠、青蛙等。主要分布在中美洲和南美洲等地，比如加拿大南部、墨西哥、佛罗里达州及美国沿海等地。

路易斯安那呆头伯劳（*Pie~Grieche, de la Louisiane*）

呆头伯劳，雀形目、伯劳科、伯劳属。体长20~25厘米。上身呈灰色，下身呈白色；从喙到脚趾有一条黑色的斑痕。喙呈勾状，很坚硬；靠近两翼的部位及胸部布满小的白色斑点，双翼和尾巴呈暗灰色。主要以昆虫及大的蜘蛛为食，有时也吃植物。栖息在热带草原、亚热带或热带的干燥疏灌丛及沙漠等地。原产地是北美大陆。主要分布在从加拿大南部一直到墨西哥一带。

黑鹳（*La cigogne brune*）

黑鹳，鹳形目、鹳科。体型较大，体长 100~120 厘米。喙长且粗壮，头部、颈部及双脚都较长。除胸腹部呈白色之外，其他部位的羽毛均呈黑色；喙和脚呈红色。栖息于偏僻的开阔森林、森林河谷与森林沼泽地带，同时，也在湖泊、池塘附近的沼泽地出没。主要以一些小型鱼类为食，也吃一些小动物，如蟋蟀、蜗牛等。黑鹳是一种旅鸟，分布比较广泛，从欧洲至中国北方，越冬直至印度及非洲。

1. 圭亚那斑鸫（*Grive de la Guiane*）

圭亚那斑鸫，鸫科。与其他鸫科鸟类相比，尾巴更长，双翼更短。上身呈棕绿色，下身呈红色；喉部呈灰色；整个腹部都垂直分布着一些黑色的斑点；颈部前面呈白色；双翼和尾巴呈棕色；喙和双脚呈灰色。主要以各种各样的水果为食。主要分布在南美洲圭亚那，由于它们经常飞往北方的地区，也分布在北美及中部地区。

2. 圣多明各橙顶灶莺（*Petite Grive de St. Domingue*）

橙顶灶莺，森莺科、灶莺属。体长 14~16.5 厘米。上身呈橄榄棕色；下身呈白色，上面点缀着黑色的斑点。成鸟眼睛大，被一圈白色的光环状羽毛围绕。颧骨处有黑条纹，冠顶横向黑色条纹与冠中央的橙色条纹接壤。腿粗壮，较长，粉红色。栖息于原生林或次生林中，以虫类为食。主要分布在北美落基山东部、美国南部，一直到巴拿马和委内瑞拉等地。

1.
2.

凤头䴙䴘（*Le Crebe cornu*）

凤头䴙䴘，䴙䴘目、䴙䴘科、䴙䴘属。它是体形最大的一种䴙䴘，体长约五十厘米。外形优雅。颈修长，具显著的深色羽冠，下体近白，上体纯灰褐。上颈有一圈带黑端的棕色羽，形成皱领。后颈呈暗褐色。两翅呈暗褐色，杂以白斑。眼先、颊呈白色。胸侧和两胁呈淡棕色。雄、雌差别不大。栖息于低山和平原地带的江河、湖泊、池塘等水域。以软体动物、鱼、甲壳类和水生植物等为食。主要分布在古北界、非洲、印度、澳大利亚及新西兰。

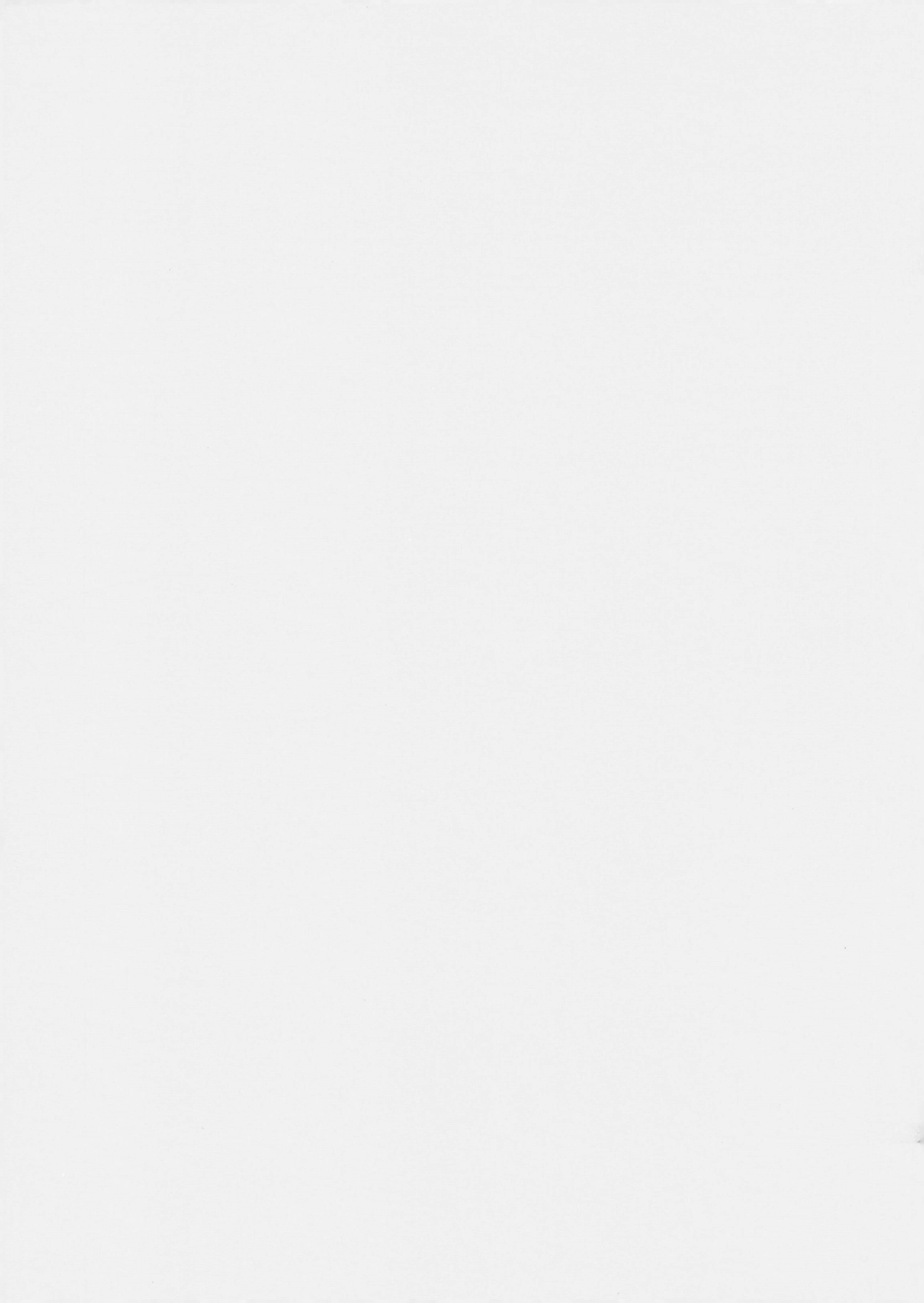